Josef Zehentbauer
Körpereigene Drogen

Josef Zehentbauer

Körpereigene Drogen

Die ungenutzten Fähigkeiten
unseres Gehirns

Patmos Verlag

Die Deutsche Bibliothek – CIP-Einheitsaufnahme
Ein Titeldatensatz für diese Publikation ist bei
Der Deutschen Bibliothek erhältlich.

© 1992, 1997 Artemis & Winkler Verlag
© ppb-Ausgabe 2001 Patmos Verlag GmbH & Co. KG
Artemis & Winkler Verlag, Düsseldorf und Zürich
3. Auflage 2002
Alle Rechte, einschließlich derjenigen des auszugsweisen Abdrucks sowie
der fotomechanischen und elektronischen Wiedergabe, vorbehalten.
Umschlaggestaltung: unter Verwendung des Gemäldes „Le Principe du
Plaisir" (1937) von René Margritte. Fondation E. James, Chichester
© VG Bild-Kunst, Bonn, 1992.
Umschlaggestaltung: Anna Bakalović, Berlin
Druck und Bindung: Wiener Verlag, Himberg/Österreich
ISBN 3-491-69034-X
www.patmos.de

Inhalt

Psyche und Gehirn – »Neuronenmaschinerie« oder individueller Kosmos? 7

Die neomaterialistische Theorie 9
Die kosmische Philosophie 12
Die Seele als individuelle »geistig-psychische Matrix« 13

Die Fähigkeiten des Gehirns 15

Aufbau und Funktionen des Zentralnervensystems 15
Über Nervenzellen, Synapsen und Botenstoffe 28

Die körpereigenen Drogen des Menschen 32

Mikroanatomie der Seele 32
Der Mensch als Molekül 40
Das biochemische Äquivalent unserer Lebensenergie 49
Die »Drogenapotheke« im Menschen 66
Die schmerzstillende Wirkung der Endorphine 75
Das intelligenzprägende Acetylcholin 93
Adrenalin und Noradrenalin – die Leistungsdrogen 104
Ruhig und angstfrei – das körpereigene Valium 114
Die körpereigenen Psychedelika 122
Die Geheimnisse des Dopamin – künstlerische Kreativität oder Wahnsinn? 130
Die biochemischen Wege der Melancholie 140
Die klassischen Hormone – Stoffwechsel, Wachstum, Sexualität 148

Neuorientierung in der Medizin 176

Anhang 179
Methoden zur Mobilisierung körpereigener Drogen 181
Literaturhinweise 190
Register 192

Psyche und Gehirn – »Neuronenmaschinerie« oder individueller Kosmos?

Kein medizinisches oder biochemisches Ereignis hat das naturwissenschaftliche Bild vom Menschen so verändert wie die Entdeckung der Botenmoleküle (Neurotransmitter). Wieder stellt sich die uralte Frage: Wie wirkt Materie (beispielsweise eine exogene Droge) auf Geist und Psyche, und wie wirken Geist und Psyche auf die Materie?

»Wandelt sich der Körper, ändert sich der Geist«, heißt es. Diese Aussage ist umkehrbar: Ändert sich der Geist, wandelt sich der Körper. Als Bindeglieder agieren die Botenmoleküle, die körpereigenen (endogenen) Drogen.

Die Kapazität unseres Gehirns ist potentiell grenzenlos. Grundlage dieser universalen Fähigkeiten ist ein harmonisch abgestimmtes System, in dem viele Milliarden Hirnzellen, Billionen nervaler Kontaktstellen (Synapsen) und die alles dominierenden Botenstoffe (Transmitter, Hormone, körpereigene Drogen) zusammenwirken. Dieses System verarbeitet die auf uns einstürmenden Informationen, speichert unterschiedliche Botschaften und setzt sie in sichtbares Verhalten, körperliches Handeln um.

Die Hirnzellen, die Synapsen und die dazwischen agierenden Botenstoffe sind neurophysiologisch betrachtet gewissermaßen der organisch-biochemische, sichtbare Teil unserer Psyche. Aber in den universalen Dimensionen unserer Seele sind zweifellos andere, sehr weite Bereiche, die mit der üblichen Logik kaum oder gar nicht erklärbar sind.

Das menschliche Gehirn wird oft mit einem Computer verglichen. Will man überhaupt diesen Vergleich anstellen, dann müßte man die größtmögliche Computeranlage mit einem biochemischen Hochleistungslabor kombinieren – und das alles vielfach verkleinern auf die kompakten Dimensionen des menschlichen Gehirns. Doch was dabei zustande käme, hätte nicht einmal ansatzweise die geistig-seelische Beweglichkeit unseres Gehirns.

Millionen Menschen versuchen, ihre Psyche und ihr Gehirn durch Psychodrogen oder Psychopharmaka zu beeinflussen, nehmen stimulierende Mittel, angstlösende oder bewußtseinserweiternde Drogen, Antidepressiva, Nikotin, Cannabis und Alkohol, Schmerz- und Schlaftabletten. In aufwendigen Forschungsarbeiten beschäftigt man sich seit langem mit der Frage, wie all diese Psycho-Drogen im menschlichen Gehirn wirken. Dabei stellte man fest, daß das menschliche Gehirn eigene Psychodrogen herstellt, beispielsweise schmerzstillende, morphinähnliche Stoffe (Endorphine) oder angstlösende, valiumähnliche Substanzen.

Das jüngst entstandene Wissen um die körpereigenen endogenen Drogen ist eine Revolution in der Medizin. Nahezu alle körpereigenen Botenstoffe wurden in den Laboratorien der Pharmaindustrie auf der Suche nach immer neuen und wirksameren Medikamenten als »Nebenbefunde« entdeckt. Diese Entdeckungen könnten aber bald zum Schaden der Pharmaindustrie gereichen, da der Mensch in der Lage ist, alle wichtigen Drogen selbständig in seinem Körper herzustellen, und letztendlich auf die Zufuhr exogener Drogen, also auf Medikamente oder auf Rauschdrogen, verzichten kann.

Der Mensch ist sein eigener Drogenproduzent; er muß nur wieder lernen, wie er bedarfs- und wunschgerecht seine körpereigenen Drogen stimulieren kann. Die Palette von körpereigenen Drogen umfaßt antriebssteigernde, antidepressive, schmerzstillende, beruhigende, anxiolytische, sexuell anregende, psychedelische, schläfrig machende oder euphorisierende Drogen. Nachgewiesen sind sogar die Immunabwehr steigernde oder herzstärkende (Digitalis-ähnliche) körpereigene Drogen.

Die bewußte und gezielte Stimulierung von körpereigenen Drogen ist bisher Neuland für die naturwissenschaftlich orientierte Medizin. In rituellen Heilkulten oder in archaischen Heilverfahren (Schamanismus, Voodoo-Kult, Heiltanz, Yoga, Meditation) finden sich viele Elemente zur Stimulierung körpereigener Drogen, wobei natürlich den Beteiligten der biochemische Hintergrund meist nicht bekannt ist.

Das theoretische Wissen um die körpereigenen Drogen ist zwar erst durch die moderne Psycho- und Neurowissenschaft ermöglicht worden, doch die Praxis einiger Stimulierungsmöglichkeiten ist uralt. Das vorliegende Buch geht auf beide Bereiche ein: es schildert – zum einen – die möglichen Kapazitäten unseres Gehirns und macht uns vertraut mit den vielfältigen Wirkungsweisen der endogenen Drogen in unserem Körper; zum anderen werden natürliche Möglichkeiten zur gezielten Stimulierung der körpereigenen Drogen aufgezeigt.

Die chemisch-technisch orientierten Psycho- und Neurowissenschaften zeigen für die Mobilisierung der körpereigenen Drogen wenig Interesse. Hirnzellen, Synapsen und Transmitter sind für sie das materielle Äquivalent der Seele; zur »notwendigen« Beeinflussung des Seelenlebens werden bevorzugt Psychopharmaka verabreicht, die unter anderem auf die Hirnzellen wirken und dabei die körpereigenen Transmitter behindern, verdrängen oder übernatürlich vermehren.

Der materialistischen Theorie von der »Neuronenmaschinerie des Gehirns« (John C. Eccles) stehen subjektive und/oder universale Philosophien gegenüber, bei denen Gefühle, Intuitionen, Instinkte, Sinneserfahrungen, Visionen, Hoffnung, Phantasie im Mittelpunkt stehen, also Erscheinungen, die auf übliche wissenschaftliche Weise nicht beweisbar sind und auch nicht auf Beweisbarkeit drängen.

Die neomaterialistische Theorie

Wie alle neomaterialistisch orientierten Hypothesen gehen die Neuro- und Psychowissenschaften davon aus, daß Psyche/Geist im Gehirn lokalisiert sind, begrenzt auf das Gehirn des jeweiligen Individuums. Der neomaterialistische Glaube wird üblicherweise als Wissenschaft bezeichnet und ist begründet in der Erforschung der Materie (z. B. der Materie »Gehirn« = Hirnforschung). Trotz ihrer Kritik am klassischen Materialismus erwarten die Vertreter des neomaterialistischen Glaubens (u. a. Eccles, Popper) die großen Erkenntnisse von der neurophysiologischen, biochemischen, physikalischen Forschung, die gewissermaßen den altbekannten Geist/Materie- bzw. Leib/Seele-Konflikt ersetzen soll. Der neomaterialistische Glaube stützt sich auf objektive Grundaussagen, sogenannte Naturgesetze, die durch chemische Analysen, physikalische Messungen, vergleichende Experimente gewonnen werden. Grundaussagen und Naturgesetze werden von den Wissenschaften festgelegt und als »objektiv richtig«, als »wissenschaftliche Wahrheit« erklärt. Jedoch ändern sich die »objektiven wissenschaftlichen Wahrheiten« entsprechend den geschichtlichen Epochen, ähnlich wie sich Staats- und Wirtschaftsideologien, Religionen oder Philosophien ändern. Vor 50 Jahren glaubte man an das Atom als kleinstes, unteilbares physikalisches Teilchen; heute »weiß« oder glaubt die moderne Physik, daß das Atom weitgehend »leer« ist, und daß – entsprechend der Theorie der Quantenphysik – selbst die »Elementarpünktchen« (aus denen sich der Atomkern zusammensetzt) keine Materieteilchen sind (sondern – unter anderem – Wellencharakter haben).

Einige unorthodoxe Forscher kritisieren zwar mechanistisch-materialistische Denkweisen und lassen sich von universal-kosmischen Philosophien beeinflussen, dennoch weisen ihre eigenen Hypothesen sie als Vertreter der neomaterialistischen Theorie aus (Capra, Sheldrake). Ohnehin zeigen sich immer mehr Berührungspunkte zwischen den Erkenntnissen der modernen Physik und den Vorstellungen von universal-kosmischen Philosophien. So geht die (Quanten-)Feldtheorie davon aus, daß alle physikalischen Vorgänge als in Raum und Zeit ausgedehnte Felder (vergleichbar mit dem elektromagnetischen Feld) gesehen werden können. Hinzu kommen die Erkenntnisse der Relativitätstheorie, nach der sich Masse in Energie und Energie wieder in Masse verwandeln kann. Dies alles wäre gleichbedeutend mit der Auflösung der Materie: die Materie ist nicht mehr Materie, sondern energetisches Feld, das sich in Raum und Zeit grenzenlos ausdehnt.

Die materialistische Theorie, nach der Lebewesen, Gehirn, Seele, Universum stofflich materielle Eigenschaften haben, scheint durch ihre eigenen Forschungsergebnisse in Frage gestellt zu sein. Neurophysiologen, Neuroanatomen, Neurologen, Psychiater, Psychochirurgen, Embryologen, Anthropologen, Verhaltenspsychologen, Psychopharmakologen, Biochemiker begreifen das Gehirn als biologisch-chemischen Apparat und erforschen die elektronenmikroskopisch sichtbaren oder testpsychologisch nachweisbaren Funktionen unseres Gehirns.

Der offensichtliche Widerspruch der Hirnforschung liegt darin, daß der Mensch die theoretische Erforschung des Gehirns ausschließlich mit Hilfe seines eigenen Gehirns betreiben kann, das aber gleichzeitig Objekt seiner Forschung ist. Die materialistisch orientierten Wissenschaften haben die Objektivität zum Leitprinzip erhoben, und die Subjektivität als wissenschaftlich wertlos verdammt. Der angesehene Neurowissenschaftler Steven Rose stellt die grundlegende Frage: »Wozu das alles? Was wollen wir denn eigentlich erklären mit unseren Elektronenmikroskopen, Ultrazentrifugen, Mikroelektroden und Computertomographen? Auf welche Frage sollen uns diese Instrumente eine Antwort geben?« Ähnlich skeptisch äußert sich B. Sakmann, der Nobelpreisträger für Medizin von 1991, über die molekulare Hirnforschung: »Es ist viel Wind gemacht worden mit der Molekularbiologie, es wird sehr viel aufgeblasen. Ich möchte da einfach nicht mitmachen. Es wird viel gesprochen von der ›Dekade des Gehirns‹, die vom amerikanischen Kongreß ausgerufen wurde. Ich halte das alles für Unsinn. Das fällt auf uns zurück, weil wir nach vier oder fünf Jahren gefragt werden: ›Was habt ihr denn herausgebracht?‹ Und ich bin da eher pessimistisch.«

Die kosmische Philosophie

Viel älter als der materialistische Glaube ist der sogenannte philosophisch-universale oder kosmische Glaube. Ihm zufolge werden Geist und Psyche des Menschen nicht dinglich verstanden, und es besteht auch nicht das Bedürfnis, die Seele materiell zu erklären. Geist und Psyche sind nicht auf das individuelle Gehirn beschränkt, sondern Teil eines allumfassenden (universalen, kosmischen) Ganzen. Psychisch und geistig überschreitet der Mensch die Grenzen des eigenen Gehirns, indem er sich mit dem allumfassenden »Sein« auseinandersetzt, sich mit dem universellen »Nichts« konfrontiert, dem Nichts, das schon immer »ist« und schon unendlich lange »war«, als irgendwann einmal Materie, Kosmos, Leben entstanden. Aus dieser Auseinandersetzung kann ein Individuum durchaus Energie und geistige Kraft schöpfen, die sich sogar in physikalische (objektiv meßbare) Energie umsetzen läßt. So sagt Albert Einstein: »Wenn ein Lebewesen, wie etwa eine Maus, das Universum beobachtet, so verändert das den Zustand des Universums.«

Der philosophisch-universale Glaube hat zu vielen sehr unterschiedlichen Strömungen und Begriffen eine Beziehung: transpersonale Psychologie, Parapsychologie, Paläopsychologie, Metaphysik, Transzendenz-Philosophie, Grenzwissenschaften, Esoterik, Hexenmagie, Okkultismus, Spiritualismus, Telepathie, Mystik, Selbsthypnose, Meditation, Yoga, buddhistische Philosophie. »Unser normales Wachbewußtsein, das rationale Bewußtsein, wie wir es nennen«, so der amerikanische Philosoph und Psychologe William James, »ist nur ein besonderer Bewußtseinstypus, während drum herum, getrennt nur durch den allerfeinsten Schleier, völlig verschiedene potentielle Formen des Bewußtseins liegen.«

Auch Anhänger des philosophisch-universalen Glaubens suchen nach Wegen der Erkenntnis und setzen sich dabei mit den materialistischen Wissenschaftsverfahren auseinander. Um die Wirklichkeit zu erkennen, das Universum, Mensch, Psyche – hierzu gibt es faszinierend einfache Wege, zum Beispiel: die

»Methode des Zen«, die der japanische Psychotherapeut und Zen-Meister D. T. Suzuki auch als »antiwissenschaftliches Vorgehen« sieht: »Die Methode des Zen besteht darin, in den Gegenstand selbst einzudringen und ihn sozusagen von innen zu sehen. *Die Blume kennen heißt, zur Blume werden, die Blume sein, als Blume blühen und sich an Sonne und Regen erfreuen.* Wenn ich das tue, so spricht die Blume zu mir, und ich kenne all ihre Geheimnisse, all ihre Freuden, all ihre Leiden, d. h. das ganze Leben, das in ihr pulst. Nicht nur das: Gleichzeitig mit meiner ›Kenntnis‹ der Blume kenne ich alle Geheimnisse des Universums einschließlich aller Geheimnisse meines eigenen Ichs...«

Die Seele als individuelle »geistig-psychische Matrix«

Die beinahe grenzenlose Kapazität unseres Gehirns kann als Grundlage für die Entwicklung unserer Seele (individuelle »geistig-psychische Matrix«) gesehen werden. Diese Matrix wird nicht erst während der Kindheit und des Erwachsenenalters geprägt und geformt; entscheidender für die Entstehung und Entwicklung unserer Seele ist die pränatale Periode, die intrauterine, neunmonatige Zeit vor unserer Geburt: Jede Phase der menschlichen Embryonal- und Fötalentwicklung prägt nicht nur die körperliche Entfaltung (z. B. die allmähliche Bildung der Verdauungsorgane); auch die Empfindungen, Wahrnehmungen, Wohlgefühle, Sehnsüchte, Aggressionen und Ängste, die während der körperlichen Umgestaltung erfahren werden, prägen sich ein – als Information/Erfahrung – in das immer größer und differenzierter werdende System von Hirnzellen. So entsteht allmählich das, was wir später »Seele« nennen. Jeder von uns lebt während der pränatalen Epoche zeitweilig als winzige, einschichtige Zellkugel (wie ein Hohltierchen), hat später Kiementaschen (wie ein Fisch) und lange Zeit einen lurch-typischen Schwanz. In der weiteren Entwicklung wird der gesamte Körper behaart, und das Gesicht gleicht dem der frühen Hominiden (der menschenähnlichen Affen).

Während wir also in der pränatalen Epoche gewissermaßen im Zeitraffer die Millionen Jahre lange Entwicklungsgeschichte des Menschen »nacherleben«, bauen sich die »bewußten« und »unbewußten« Schichten unserer Seele auf – es formt sich die geistig-psychische Matrix, die nach der Geburt das wesentliche Reservoir unseres geistig-seelischen Lebens bildet. Parallel dazu entstehen die körperlichen Strukturen; als biochemisches Äquivalent unseres Daseins entwickeln sich einzelne und Kombinationen von Botenstoffen. Eine Gruppe von spezifischen Botenstoffen dirigiert das Wachstum des Zentralnervensystems und das der anderen Organe.

Das derzeitige naturwissenschaftliche Modell vom Menschen sieht als mikrobiologisches Äquivalent von Geist und Psyche das Zusammenspiel von Nervenzellen, Synapsen und Transmittern. Diese »wissenschaftlichen Tatsachen«, an die man heute glaubt, könnten aufgrund neuer Erkenntnisse in einigen Jahrzehnten als falsch erklärt werden. Dennoch beziehen wir uns auf dieses wissenschaftliche Modell, wenn wir in diesem Buch von gezielter Stimulierung bestimmter menschlicher Fähigkeiten sprechen und auf Möglichkeiten hinweisen, ungenutzte Kapazitäten unseres gesamten Zentralnervensystems zu erobern. Menschliche Errungenschaften des Seins und menschliche Fähigkeiten sich so vorzustellen, daß diese an Botenmoleküle gebunden sind, ist ein Modell unter vielen möglichen (wissenschaftlichen oder anti-wissenschaftlichen) Modellen vom menschlichen Sein. Dieses Modell wird derzeit von den materialistisch-orientierten Psycho- und Neurowissenschaften als »naturwissenschaftliche Wahrheit« anerkannt, die aber auch einem Wandel unterliegen kann. Einer der bekanntesten Gegenwartsphilosophen, K. R. Popper, der der neomaterialistischen Theorie nahesteht, meint: »Wir haben kein Kriterium für Wahrheit zur Verfügung, und diese Tatsache rechtfertigt Pessimismus.«

Die Fähigkeiten des Gehirns

Aufbau und Funktionen des Zentralnervensystems

Ein schwerstkranker US-Bürger stellte den Antrag, daß bei ihm eine Kopftransplantation vorgenommen werde: Sein Körper war von einem nicht therapierbaren, metastasierenden Karzinom befallen, nahezu alle Organe waren bereits zerstört, lediglich sein Kopf und sein Gehirn waren unversehrt und funktionsfähig. Formal gesehen verlangte dieser Patient keine Kopftransplantation, sondern – analog einer Nieren- oder Herztransplantation – sollte ein »kopfloser« gesunder Spenderkörper (von einem z. B. an Hirnverletzungen verstorbenen Menschen) an seinen Kopf transplantiert werden. Diesem verzweifelten Wunsch wurde nicht stattgegeben – es wäre die erste Transplantation dieser Art beim Menschen gewesen. Neurochirurgen transplantieren schon seit Jahren Köpfe auf andere Tierleiber. Die Kopftransplantation hat einen erheblichen neurologischen Nachteil: der transplantierte Kopf sitzt zwar auf einem gesunden oder jüngeren Körper, doch die Verbindung zwischen Großhirn und Zwischenhirn einerseits und Rückenmark andererseits bleibt abgeschnitten – eine neurochirurgisch herbeigeführte, im Stammhirnbereich gelegene Querschnittslähmung ist der hohe Preis; der Körper, willkürlich nicht beweglich, wird zur Hirnversorgungsmaschine degradiert.

Seit Jahren wird mit großem Aufwand Hirnforschung betrieben. Tausende von Kollateralsynapsen-Verbindungen werden elektronenmikroskopisch analysiert; Forscher messen exzitatorische und inhibitorische postsynaptische Potentiale, die Mini-Elektroströme an Nervenzellmembranen, dokumentieren die elektrisch geladenen Partikelchen, die mittels Ionenkanälchen durch Zellmembranen fließen. Doch letztendlich weiß man trotz unzähliger Details sehr wenig über das Zentralnervensystem. Viele renommierte Detailforscher sind sich dieser Unzulänglichkeit durchaus bewußt, beispielsweise der bereits erwähnte Molekularbiologe und Nobelpreisträger B. Sakmann: »Es gibt einen riesigen Haufen von Einzelbefunden, das ist überhaupt keine Frage. Das Gebiet floriert, kein Zweifel, aber ich glaube nicht, daß es da einen Durchbruch gibt. Es ist oft gesagt worden: ›Wir klären die Alzheimer Krankheit auf‹, oder: ›Wir klären die Epilepsie auf‹ oder psychiatrische Suchtkrankheiten. Das hat alles damit zu tun, aber ich halte das auch ein bißchen für Windmacherei.« Obwohl inzwischen die Hirnforschung die biochemischen und mikroskopischen Details über die makroskopischen Teile unseres Gehirns hinaus zu analysieren imstande ist, kann sie den gesamtheitlichen Aspekt nicht erfassen.

Das menschliche Gehirn besteht zu 80 Prozent aus Wasser, der Rest enthält Nervenzellen und Leitungsbahnen, Stützgewebe, Blut- und Lymphgefäße, Hirnhäute oder – als biochemische Bausteine: Lipide (u. a. Cholesterin), Eiweiß (mit hohem Gehalt an freien Aminosäuren) und relativ wenig Kohlenhydrate (in Form von Blutzucker, also Glukose, die als Glykogen gespeichert wird). Das Gehirn ist von einem »Wasserkissen« umgeben, und dieses »Nervenwasser« (Liquor) durchströmt auch die großen Kammern im Innern des Gehirns (die Hirnventrikel). Die untere Fortsetzung des Gehirns, das Rückenmark, das geschützt im Inneren der Wirbelsäule liegt, wird von demselben Liquor (in geringfügig anderer Zusammensetzung) umspült. Der Liquor schützt Gehirn und Rückenmark vor mechanischen Erschütterungen und ermöglicht schnellen Druckausgleich; zusätzlich hat er hirnernährende Funktionen. Im Liquor lassen sich mehrere Botenstoffe (Neurotransmitter und Hormone) nachweisen. Soll ein aus einem anderen Liquor natürlich gewonnener oder künstlich hergestellter Transmitter (oder ein Medikament) sicher das Gehirn eines Versuchstieres oder einer Versuchsperson erreichen, dann wird dieser Stoff mittels einer sog. Lumbalpunktion injiziert, wobei im Bereich der Lenden-

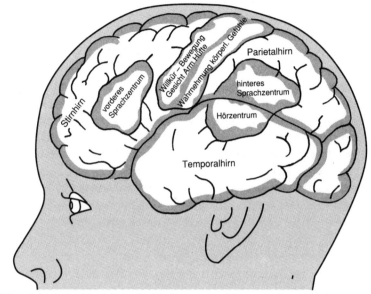

Blick auf die linke Hemisphäre des Großhirns mit einigen wichtigen Hirnrindenarealen

wirbelsäule mit einer Spezialnadel in den Rückenmarksliquorraum gestochen wird.

Das Gehirn ist ein überaus Stoffwechsel-aktives Organ; obwohl es nur etwa 2 Prozent des Körpergewichts ausmacht, beansprucht es 20 Prozent des gesamten Energieumsatzes. Das Gehirn benötigt für volle Leistungsfähigkeit im wesentlichen drei Energiequellen: Wasser, Sauerstoff und als hauptsächlichen Energielieferanten Glukose. Das Gehirn eines Erwachsenen verbraucht pro Tag die ansehnliche Menge von 70–120 Gramm Glukose. Fehlt Glukose im Blut, beginnt schon nach drei Minuten ein massiver Untergang von Hirnzellen, fehlt jeglicher Sauerstoff im Blut, tritt nach 12 Sekunden Bewußtlosigkeit ein, und bereits nach 30–40 Sekunden ist im Elektroencephalogramm (EEG) keinerlei elektrische Aktivität mehr zu messen. Die Blutversorgung des Gehirns geschieht durch vier

Blutgefäße; durch die zwei Carotis-Arterien (den Hirnschlagadern, tastbar seitlich am Hals) und die beiden Vertebralis-Arterien (die im Nacken, seitlich der Halswirbelsäule, ins Gehirn ziehen).

Wenn Schädelknochen und die drei Hirnhäute entfernt sind, ähnelt das Gehirn mit seinen groben Windungen und feinen Furchen einer Walnuß ohne Schale. Wie ein Mantel bedeckt die grau aussehende, Neuronen enthaltende graue Substanz die übrigen Hirnteile (die weiße Substanz). Die menschliche Gehirnrinde hat eine Dicke von 3-5 Millimetern und würde ¼ Quadratmeter bedecken, wenn man sie flächig auslegen könnte. Man schätzt, daß im Gehirn bis zu 25 000 000 000 Neurone (Nervenzellen) für die Informationsverarbeitung und -speicherung zuständig sind, davon liegen etwa die Hälfte (mindestens 10 Milliarden) in der Hirnrinde, die übrigen sind in verschiedenen Kernarealen im Innern des Gehirns gesammelt (z. B. in den Basalganglien). Außer den Neuronen enthält das Gehirn weitere 100 bis 200 Milliarden Stütz- und Nährzellen (Gliazellen), die nicht nur die grauen Hirnzellen mit Nährstoffen versorgen, sondern die – wie man erst seit kurzem weiß – aktiv beim Aufbau des Gedächtnisses mithelfen.

Vielfältige Aufgaben erfüllen die Gliazellen; bekannt ist, daß Astrocyten (eine Gliazellenart) überzählige Botenstoffe einsammeln, zum Beispiel Glutaminsäure (bzw. Glutamat), einen hirnanregenden Neurotransmitter, oder die GABA, das weitverbreiteteste Dämpfungsmolekül im Zentralnervensystem; schonungslos werden beide Botenmoleküle in Grundbausteine zerlegt und in der Art eines Recyclingverfahrens für die Schaffung neuer Botenmoleküle zur Verfügung gestellt.

Bis vor wenigen Jahren glaubte man, nur die grauen Hirnzellen könnten Informationen aufnehmen und Befehle an die Peripherie erteilen. Doch die Gliazellen besitzen ebenfalls Rezeptoren; so entdeckte man zum Beispiel spezifische Empfangszellen für das anregend-wachmachende Noradrenalin. Auch im Innern der Gliazellen gelang der Nachweis von Botenstoffen (intrazelluläre Botenmoleküle, sog. second messengers, die dann im

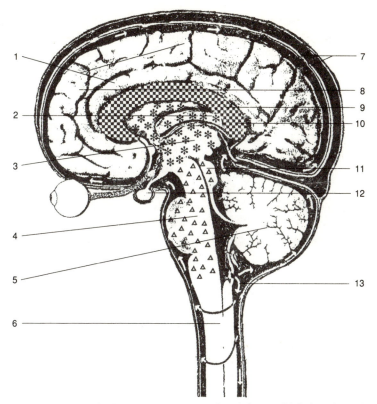

1 Großhirn, 2 Limbisches System (vorwiegend seitlich im Schläfenhirn liegend), 3 Zwischenhirn, 4 Stammhirn, 5 Kleinhirn, 6 Rückenmark, 7 Hirnhäute (dazwischen liquorgefüllte Räume), 8 Stirnhirn, 9, 10 Nervenbündel (rechte und linke Hemisphäre verbindend, sog. Balken), 11 Mittelhirn, 12 Hypophyse, 13 Liquor-Strömung
Längsschnitt durch die Mitte des Gehirns (die weißen Pfeile zeigen die Strömung des Liquors, der das Gehirn sowohl im Innern als auch an der Oberfläche schützend umgibt und der u. a. auch körpereigene Drogen transportiert)

Zellkörper befehlen, daß z. B. bestimmte Proteine herzustellen sind). Schließlich spielen Gliazellen noch eine entscheidende Rolle bei der Abwehr von Fremdstoffen und sind für das Auslösen von Immunreaktionen im Gehirn verantwortlich.

Der Mensch hat die Kapazitäten des eigenen Gehirns noch

längst nicht voll ausgeschöpft. Er kann sich die Botenstoffe seines Körpers zunutze machen, indem er sie als Träger von Fähigkeiten anerkennt und sie zur Förderung von Entspannung, Kreativität oder Stimmungsaufhellung gezielt einsetzt. Jeder Mensch hat diese Fähigkeiten, kann sie wachrufen und stimulieren, wenn er weiß, daß Acetylcholin die inspirierenden Gedanken trägt, die Endorphine zu Analgesie und Euphorie führen oder daß Dopamin zu überschießender Phantasie und Kreativität beflügelt.

Schon Anfang des 19. Jahrhunderts behauptete der deutsche Arzt und Anatom F. J. Gall, daß alle wichtigen psychisch-moralischen Eigenschaften des Menschen in der Großhirnrinde lokalisiert sind und durch Druck von innen sogar entsprechende Veränderungen an der Schädeldecke bewirken. An der Hirnoberfläche stellte er Areale fest, die seines Erachtens für Verliebtheit, Ruhmessucht, Religiosität usw. zuständig seien. Obwohl die Gallsche Schädellehre (die sog. Phrenologie) und seine Hirnrindenlokalisation wissenschaftlich nicht ganz haltbar sind, war dies doch einer der ersten Versuche, psychische Fähigkeiten mit der Hirnrinde in Verbindung zu bringen. Die derzeitige Vorstellung über die Deutung der einzelnen Hirnrindenregionen beruht nicht nur auf anatomisch-neurophysiologischen Studien an Tieren, sondern auch auf Experimenten, die – meist ohne Wissen der Patienten – während hirnchirurgischer Operationen am Menschen vorgenommen wurden. Darüber hinaus hat in der modernen Psychochirurgie das operative Ausschalten bzw. gezielte Zerstören einzelner Hirnareale auf makabre Weise die Bedeutung dieser Areale demonstriert.

Das menschliche Gehirn läßt sich in folgende Regionen einteilen: Die *Großhirnrinde* (Cortex) ist der Sitz der Lern-, Sprech- und Denkfähigkeiten. Von ihr gehen auch alle willkürlichen Bewegungen aus. Das *Zwischenhirn* ist eine Umschaltstelle für alle ankommenden Reizeindrücke (Sehen, Tasten, usw.); jeder Befehl der Hirnrinde an die einzelnen Regionen des Körpers durchquert das Zwischenhirn. Das *Limbische System* ist das emotionale Zentrum, mit einer Informationsspeicherung (Gedächtnis) für vergangene Gefühle. Das *Stammhirn* steht im Dienst der elementaren motorisch-sensiblen und vegetativen Funktionen des Lebens wie Atmung, Herzschlag, Nahrungsaufnahme, Fortpflanzung. Das *Kleinhirn* koordiniert unsere Bewegungen.

Stammhirn und Zwischenhirn können – jedes für sich – die lebensnotwendigen biologischen Grundfunktionen des Körpers (Atmung, Stoffwechsel, Kreislauf) aufrechterhalten und instinktive (auch stereotype) Bewegungen gewährleisten. Fällt beim Menschen wegen unfallbedingter Zerstörungen beider Hemisphären oder durch hochgradige Hirndurchblutungsstörungen, Hirnentzündungen oder schwere Narkosezwischenfälle die Funktion der Großhirnrinde aus, dann können Zwischenhirn und Stammhirn voll tätig werden. Bei Funktionsausfall der Großhirnrinde, beim sog. apallischen Syndrom, scheinen die Patienten bewußtlos und dennoch wach zu sein: Trotz offener Augen reagieren sie nicht auf gewohnte Weise; sie sprechen nicht oder nur andeutungsweise, bewegen sich, im Bett liegend, stereotyp-reflektorisch; Atmung, Kreislauf und Stoffwechsel bleiben oft über Jahre stabil; vertraute Geräusche (zum Beispiel das Ticken einer ihnen bekannten Uhr) beruhigen sie, auf Schmerzreize reagieren sie gequält.

Durch das gesamte *Stammhirn* zieht die Formatio reticularis, ein netzartiges Nervenzellgeflecht und eine Schaltstelle zum Gehirn, die unser Bewußtsein erhellt und die Stimmung und das affektive Verhalten beeinflußt. Darüber hinaus wirkt es im Extrapyramidalen System, einem bewegungsharmonisierenden System mehrerer Hirnregionen mit. Das verlängerte Mark (Medulla oblongata), die direkte Fortsetzung des Rückenmarks und der unterste Hirnabschnitt, ist eine zentrale Schaltstelle für alle auf- und absteigenden Nervenstränge. Von dieser Stammhirnregion gehen auch so wichtige vegetativ nervale Funktionen aus wie Atmung, Kreislauf, Stoffwechsel sowie Reflexe wie Schlukken, Husten, Niesen, Erbrechen. Über die Brücke (Pons) empfängt das Kleinhirn besonders die motorischen Bewegungsimpulse aus der Großhirnrinde.

Zwei wichtige Botenstoffe, von denen später noch oft die Rede sein wird, werden im Mittelhirn (einem Teil des Stammhirns) produziert: Dopamin und Noradrenalin. In der Substantia nigra, einer konzentrierten Anhäufung von braun-schwarzpigmentierten Nervenzellen, die Melanin und Eisen enthalten, wird Dopamin, der Phantasie und Kreativität fördernde Botenstoff, hergestellt. Der »Nigra-Farbstoff« Melanin entsteht aus der Aminosäure DOPA, der Muttersubstanz für Dopamin und für den leistungs- und stimmungshebenden Neurotransmitter Noradrenalin, der im Locus caeruleus, einem blaugefärbten Areal im Mittelhirn, besonders konzentriert vorkommt und die gezielten Aktivitäten der dortigen Neurone bestimmt (siehe S. 110).

Das Mittelhirn ist auch das Reservoir von Serotonin, einer ausgleichend-beruhigenden endogenen Droge (serotoninhaltige Nervenzellen sind in den Raphé-Kernen des Mittelhirns gelagert). Auch Acetylcholin-haltige Nervenzellen finden sich in dieser Hirnstammregion, und im Dach des Mittelhirns (Tegmentum mesencephali) agieren nicht nur einige Hirnnervenkerne (u. a. wichtig für die Augenbewegungen), sondern dort liegt auch der Nucleus ruber, der mit Endovalium-Rezeptoren ausgestattet ist und einen entspannenden Einfluß im Rahmen des Extrapyramidalen Systems geltend machen kann.

Das *Zwischenhirn* (Thalamus, Hypothalamus, Zirbeldrüse und Hypophyse) umgibt die mittlere liquorgefüllte Hirnkammer (III. Ventrikel); seitlich davon liegt das bogenförmige Limbische System. Das Zwischenhirn wird von außen völlig vom Großhirn umgeben. Das Kerngebiet des Zwischenhirns bildet der Thalamus, eine eiförmige, paarige graue Kernmasse. Der Thalamus fungiert als Umschaltstelle: Über ihn werden alle von der Außenwelt und aus dem Körperinneren stammenden Sinnesempfindungen zum Großhirn weitergeleitet, wo sie dann zum Erlebnis »Schmerz«, »Wärme«, »Wollust« u. a. werden. Der Thalamus ist aber auch Teil des Extrapyramidalen Systems, das alle absichtlichen Bewegungen ausgewogen macht. Da durch den Thalamus auch die schmerzleitenden Bahnen ziehen, ist

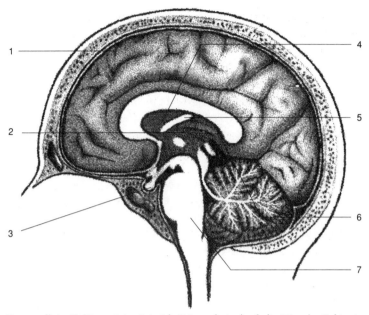

Botenstoffe im Gehirn – einige Beispiele (Längsschnitt durch die Mitte des Gehirns)
1 *Hirnrinde: Acetylcholin, Noradrenalin, Endovalium, Dopamin, GABA.* 2 *Thalamus (Zwischenhirn): Endorphine, Noradrenalin, Endovalium, Acetylcholin.* 3 *Hypophyse: Wachstumshormon, Oxytocin, Sexualorgane und andere Organe stimulierende Botenstoffe, Endorphine u.a.* 4 *Basalganglien (v.a. zu beiden Seiten der Hirnmitte): Dopamin (v.a. im Corpus striatum), körpereigene Psychedelika, Serotonin.* 5 *Limbisches System (v.a. zu beiden Seiten der Hirnmitte): Endorphine (v.a. im Amygdala), Endovalium (v.a. im Amygdala), GABA, Dopamin, körpereigene Psychedelika.* 6 *Zirbeldrüse: Melatonin und andere Botenstoffe.* 7 *Stammhirn: Noradrenalin (v.a. im Locus caeruleus), Dopamin (v.a. in der Substantia nigra), Serotonin, körpereigene Psychedelika (Mittelhirn), Endorphine.*

verständlich, daß dort die Opiatrezeptoren (die Rezeptoren für körpereigenes und körperfremdes Morphium) hochkonzentriert verteilt sind; entsprechend zahlreich sind dort auch endorphinhaltige Nervenzellen. Überdies sind im Thalamus viele Endovalium-Rezeptoren festgestellt worden. Unterhalb des Thalamus befinden sich Zentren des autonomen (vegetativen) Nervensystems (Hypothalamus), von dem aus die Stoffwechselvorgänge, der Wasserhaushalt, das Wärmegleichgewicht, die

Herzschlagfolge usw. reguliert werden. Zwei sehr wichtige Ausstülpungen – nach oben die Zirbeldrüse (Epiphysis cerebri), nach unten die Hirnanhangdrüse (Hypophyse) – verknüpfen das Zwischenhirn noch auf besondere Weise mit allgemeinen Funktionen des Körpers: Sie sezernieren hormonelle Botenstoffe, die unmittelbar an das Blut abgegeben werden und in wechselseitiger Zusammenarbeit mit dem Zwischenhirn Wachstum, Geschlechtsreife, Blutdruck steuern (siehe S. 167ff.).

Die mittleren Teile des Hypothalamus produzieren vier für das Wohlbefinden entscheidende Hormone (die dann im hinteren Teil der Hypophyse, der Neurohypophyse, zwischengelagert werden): das ADH (das unsere Urinausscheidung kontrolliert), das MSH (das den Grad unserer Melancholie mitbestimmt), das multifunktionale Oxytocin (das Wehen sowie sexuelle Lust stimuliert) und schließlich das STH (das nicht nur für Wachstum sorgt, sondern unter den Hormonen den Rang eines Verjüngungsmoleküls genießt; siehe S. 173). Darüber hinaus wurden im Hypothalamus auch Dopamin, Endorphine, Endovalium und Acetylcholin nachgewiesen.

Im Randgebiet zwischen dem Zwischenhirn und dem Großhirn liegt das Steuerzentrum für emotionale Stimmung und Gedächtnis, das *Limbische System*. Es besteht aus zwei spiegelbildlichen Gebilden, zwei Halbringen, die tief in beiden Schläfenregionen des Gehirns eingelagert sind. Die vom Limbischen System bereiteten Empfindungen reichen von Relaxierung über angenehmes Lustempfinden bis zu überschäumender Euphorie. Art und Ausmaß des Antriebs werden im Limbischen System festgelegt und können sich bis zu gefährlichen Aggressionsausbrüchen steigern.

Alle genannten Hirnregionen waren und sind Ziel unzähliger stereotaktischer Eingriffe, bei denen auf mechanischem, elektronischem oder chemischem Weg bestimmte Hirnareale zerstört werden. Doch auch einige Psychopharmaka (z. B. Langzeitbehandlung mit Neuroleptika) können vergleichbare irreversible Hirnschäden zufügen.

Die beiden Hemisphären des *Großhirns* sind in der Mitte

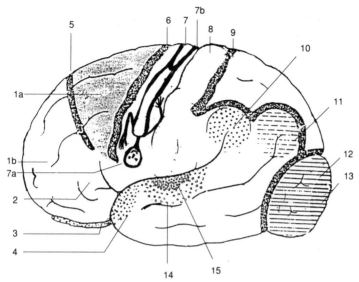

Die Lokalisation psychisch-geistiger Fähigkeiten auf der Hirnrinde (in der Abb. ist die linke Hirnhälfte von außen betrachtet): 1a Antrieb für Bewegungsabläufe. 1b Antrieb zu geistigen Leistungen, Ausdauer. 2 Motorisches Sprachzentrum (Sprechen). 3 Riechen. 4 Riech-Assoziationen. 5 Hemmungszone für 1a und 1b. 6 Hemmung für 7. 7 Körperbewegung. 7a Kopf- und Gesichtsbewegungen. 7b Fußbewegungen. 8 Körpergefühle (Berührung, Tasten, Temperatur usw.). 9 Hemmungszone für 8. 10 Sprachverständnis (akustisches Sprachzentrum). 11 Lesen (optisches Sprachzentrum), Schreiben, Rechnen. 12 Optische Erinnerungen und Assoziationen. 13 Bewußtes Sehen. 14 Akustische Erinnerungen und Assoziationen (u. a. auch Musikverständnis). 15 Hören (akustisches Sprachzentrum)

durch dicke Bündel von Nervenleitungen miteinander verbunden (Balken oder Corpus callosum). Die Hemisphären-Oberflächen mit der grauen Hirnrinde haben ein charakteristisches Relief von tiefen Windungen (Gyri) und sind in einzelne Regionen (Lappen oder Lobuli) eingeteilt, z. B. Stirnlappen (oder Stirnhirn), Schläfenlappen (Schläfenhirn). Zum Großhirn gehören auch die Basalganglien, in das Hirninnere versprengte graue Hirnrindenteile. Diese Filialen der Großhirnrinde ahmen die Funktionen der Hirnrinde nach und beeinflussen alle Willkürbewegungen sowie Intelligenz, Gedächtnis, Willensentschei-

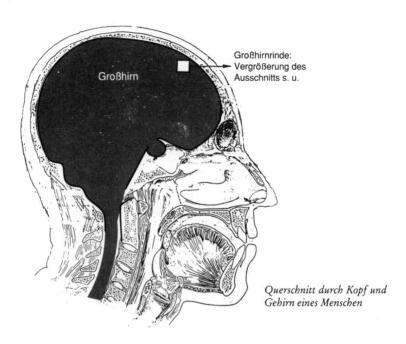

Querschnitt durch Kopf und Gehirn eines Menschen

Ein dichtes Geflecht von verschiedenen Nervenzellen

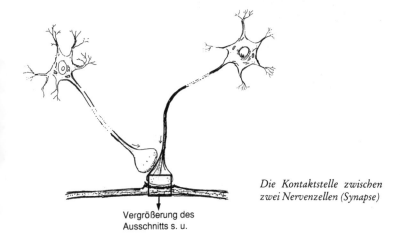

Vergrößerung des Ausschnitts s. u.

Die Kontaktstelle zwischen zwei Nervenzellen (Synapse)

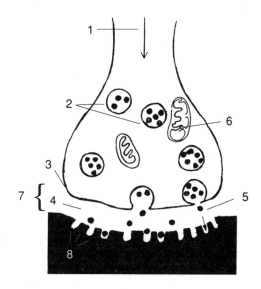

Die Informationsübertragung von Nerv A zu Nerv B erfolgt durch Botenstoffe (Transmitter)

dungen, Bewußtsein, Körperempfindungen, Sehen, Sprechen, Rechnen, Schreiben.

Viele Kenntnisse über die Funktion des Großhirns gehen auf Experimente von Psycho- und Neurochirurgen zurück. Vorwiegend bei Epileptikern wurde die Verbindung beider Hemisphären, der Balken, experimentell durchtrennt. Bei der psychologischen Testung dieser psychochirurgisch geschädigten Versuchspatienten zeigte sich, daß die linke Hemisphäre mehr die logisch-analytische Hirnhälfte, die rechte Hemisphäre eher das künstlerische Hirn ist. Die rechte Hemisphäre ist zuständig für optisch-räumliches Wahrnehmen, farbiges Erleben, abstraktes Denken, visuelles Gedächtnis, Musik. Die linke Hirnhälfte bevorzugt eher eine mathematisch-exakte Informationsverarbeitung, analytisches Sprachverständnis, nüchterne konkrete Details, Faktengedächtnis.

In der Großhirnrinde sind mehrere Botenstoffe nachweisbar, die bedeutendste Rolle spielt das Informationen speichernde Acetylcholin; und Noradrenalin rüttelt sozusagen die grauen Hirnzellen wach und beeinflußt (auch durch seine emotionalen Verschaltungen) alle höheren Denkprozesse. Auf der gesamten Hirnrinde sind Endovalium-Rezeptoren nachweisbar, sie dämpfen die hirnelektrischen Ströme und verhindern cerebrale Krampfanfälle, wirken aber auch allgemein anxiolytisch und sedierend. Auch Serotonin, Dopamin, Endorphine – eigentlich alle bekannten körpereigenen Drogen – sind im Großhirn vertreten.

Über Nervenzellen, Synapsen und Botenstoffe

Anfang dieses Jahrhunderts fertigte der spanische Neuroanatom Santiago Ramón y Cajal mit Hilfe eines einfachen Lichtmikroskops detaillierte Zeichnungen von Nervenzellen aus der Großhirnrinde. In seinen Zeichnungen sind die oberflächlichen Nervenzellschichten, die Pyramidenzellen, dargestellt, ebenso die vielzähligen kleinen und großen Zellfortsätze. Seit dieser Feinzeichnung aus dem Jahre 1911 sind unzählige Details erforscht worden, ohne dem Geheimnis des menschlichen Gehirns grundsätzlich nähergekommen zu sein. Mit dem Elektronenmikroskop werden nicht nur die kleinsten Zellen sichtbar, sondern auch winzigste Zellinhalte in der Größe von Millionstel Millimetern. Mit Mikrokapillarsonden wird der Strom gemessen, der an der Zellmembran durch die Membrankanälchen fließt (Mini-Stromstärken von einigen Milliardstel Ampère). Sogar am lebenden Menschen können die Feinstrukturen des Gehirns sichtbar gemacht werden, z. B. durch die Computer-Tomographie (ein computergesteuertes Röntgenverfahren), die Kernspin-Tomographie (wo der Kopf der Versuchsperson inmitten überdimensionaler Magneten liegt) oder die Positronen-Emissions-Tomographie (wo mit Hilfe von radioaktiv zerfallenden Substanzen Einzelheiten des Hirnstoffwechsels sichtbar gemacht werden).

Abbildung 1 zeigt einen Querschnitt durch den menschlichen Kopf und das menschliche Gehirn. Nehmen wir einen winzigen Ausschnitt (Abbildung 2) und betrachten ihn unter der Vergrößerung eines Lichtmikroskops (wie seinerzeit S. Ramón y Cajal), dann erkennen wir, daß sich das Gehirn aus einem dichten Geflecht von verschiedenen Nervenzellen aufbaut. Diese Nervenzellen (Neurone) stehen untereinander mit kabelähnlichen Fortsätzen in Kontakt. Die kurzen Fortsätze heißen Dendrite, der lange Fortsatz wird Axon genannt und kann mehr als einen Meter lang sein. Die Kontaktstelle zwischen einer Nervenzelle und dem kabelähnlichen Zellfortsatz einer anderen Nervenzelle wird als Synapse bezeichnet. (Die Zeichnungen 3 und 4 entstanden auf der Basis elektronenmikroskopischer Aufnahmen.) An diesen Synapsen erfolgt durch Botenstoffe (Transmitter) der Informationsaustausch. Dies wird als chemisch-synaptische Übertragung bezeichnet.

Daneben gibt es eine noch einfachere Art der Informationsübertragung, die elektrisch-synaptische Übertragung: Zwei Zellen grenzen mit ihren Membranen so eng aneinander, als hätten sie eine gemeinsame Membran. Ein einlaufender elektrischer Nervenimpuls kann sich dann ohne Widerstand von einer Zelle

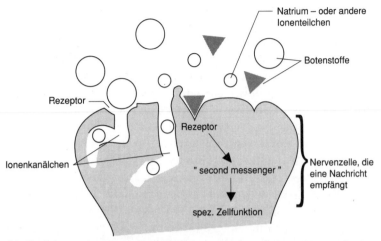

Die Vereinigung von Botenstoff und Rezeptor geschieht nach dem Schlüssel-Schloß-Prinzip; dabei werden Ionenkanälchen geöffnet. Nimmt ein Rezeptor eine Nachricht entgegen, schickt er im Innern seiner Zelle ein Botenmolekül auf den Weg (second messenger).

zur nächsten ausbreiten. Diese elektrische Informationsübertragung ist im Zentralnervensystem durchaus verbreitet, allerdings nur an eng kooperierenden, funktionell meist gleichen, zusammenklebenden Zellen.

Weitaus größere Bedeutung – unter anderem für die Übermittlung differenzierter Informationen – haben die chemisch-synaptische Übertragung und die dabei agierenden Botenstoffe: Ein ankommender, elektrischer Nervenimpuls (in Abbildung 4 geschieht dies im Axon eines Nerven A) setzt Botenstoffe frei, die den synaptischen Spalt durchwandern und an den Rezeptoren einer anderen Nervenzelle (B) ankoppeln. Dadurch wird Information übertragen.

Auch die Informationsspeicherung (Lernen und Gedächtnis) geschieht aus neurophysiologischer Sicht überwiegend in den Nervenzellen und u. a. durch spezifische synaptische Aktivitäten. Der Botenstoff und der Rezeptor können sich nur vereinigen, wenn beide exakt – nach dem Schlüssel-Schloß-Prinzip –

zueinander passen. Sowohl Botenstoffe als auch Rezeptoren können ihre Gestalt verändern. Bei der Vereinigung von Botenstoff und Rezeptor werden sogenannte Ionenkanälchen (Porenöffnungen) an der Zellmembran (Abbildung 5) geöffnet: Natrium-, Kalium-, Calcium-, Chlorid- oder andere Ionen fließen durch die Kanälchen und stellen so den elektrischen Spannungsunterschied zwischen dem Inneren der Zelle und der Zellumgebung wieder her.

Nachdem der Botenstoff seine Nachricht übermittelt hat, wird er entfernt. Nimmt der Rezeptor die Nachricht entgegen, so animiert er sogleich im Innern seiner Zelle sogenannte zweite Boten (second messengers, Abbildung 5). Diese neuen Boten organisieren, daß die Nachricht weitergeschickt wird, bauen einen entsprechenden Nervenimpuls auf oder lösen eine bestimmte Zellfunktion aus, z. B. die Kontraktion kleinster Muskelfasern (Myofibrillen).

Die meisten Psychopharmaka wirken u. a. auf die Synapsen, können die Wirksamkeit der Transmitter verstärken oder blockieren, indem sie z. B. Rezeptoren »besetzen« und so Transmitter verdrängen. Doch der Mensch ist auf Psychopharmaka nicht angewiesen: Faszinierend ist die kaum bekannte Tatsache, daß der Mensch durch bestimmte Vorgehensweisen und Übungen in der Lage ist, körpereigene Botenstoffe zu mobilisieren, deren Zusammensetzung und Konzentration zu verändern und Einfluß auf sein synaptisches Geschehen zu nehmen.

Die körpereigenen Drogen des Menschen

Mikroanatomie der Seele

Schon die Ärzte im antiken Griechenland glaubten an spezifische Körpersäfte, die Gemüt und Handeln des Menschen bestimmen würden. Eine etwas kompliziertere Theorie entwarf im 17. Jahrhundert der französische Wissenschaftler und Philosoph René Descartes, der aufgrund des damaligen anatomischen und biologischen Wissens ein Konzept über die Wechselwirkungen zwischen Seele und Körper erarbeitete und mit seinen Überlegungen den heutigen, neurophysiologischen Erkenntnissen sehr nahe kam: Der Sitz der Seele ist – so sagte er – in der Zirbeldrüse (Corpus pineale), einer Region im Zwischenhirn; von hier aus gehen – mit Hilfe einer spezifischen Substanz – Impulse an die verschiedenen Organe und Muskeln. Die besagte spezifische Substanz fließt in kleinen und kleinsten Röhrchen – Nervenleitungen entsprechend – und überbringt so die einzelnen Befehle der Seele. Und andererseits wird alles, was der Mensch sieht, hört und tastet, der Zirbeldrüse (und damit der Seele) übermittelt. Der menschliche Körper wurde von Descartes als eine Art Bio-Maschine beschrieben, die von einem übergeordneten Zentrum – der Seele – bedient und gesteuert wird.

Geist (Seele) und Körper werden bei diesem »dualistischen« Menschenbild als zwei unterschiedliche Instanzen gesehen, die aufeinander einwirken, obwohl die Seele dem Körper übergeordnet wird.

Die Zirbeldrüse hat (entsprechend den neurophysiologischen Ergebnissen) zwar eine wichtige Bedeutung innerhalb des Zentralnervensystems, allerdings als Sitz der Seele würde man sie heutzutage nicht mehr bezeichnen. Die Neurohormone, die von der Zirbeldrüse ausgehen, haben Einfluß auf die Hautfarbe und auf die sexuelle Reifung. Außerdem erfüllt die Zirbeldrüse einige Kontroll- und Koordinierungsfunktionen beim Zusammenspiel der Neurotransmitter. Die Zirbeldrüse erhält Impulse vom Sehnerv, überdies dringen bei Tier und Mensch Lichtquanten durch Haut und Schädelknochen zu den Pinealzellen. All dies bringt unseren individuellen Biorhythmus in Gleichklang mit den rhythmischen Vorgängen der Natur (Jahreszeiten, Zyklen der Gestirne).

Die gegenwärtigen Neuro- und Psychowissenschaften vertreten ein Konzept, das dem Descartes' überraschend ähnlich ist. In millionenfachen Experimenten mit Elektronenmikroskopen, radioaktiven Substanzen, Mikroelektroden, Kernspintographen wurden und werden Legionen von Versuchstieren geopfert, und auch Tausende von Testpersonen leisten – freiwillig und unfreiwillig – ihren Beitrag zur Forschung. Im Vergleich zu den Vorstellungen von René Descartes wurden keine grundsätzlich neuen Erkenntnisse gewonnen, man fand lediglich eine Fülle neuer Details. Doch auch diese Einzelergebnisse gewähren interessante Einblicke in die Biologie des Menschen.

Existenz und Bedeutung der von Descartes postulierten befehlsübertragenden Substanzen blieben der modernen Wissenschaft bis zur Mitte dieses Jahrhunderts verborgen. Jahrzehntelang glaubte die Forschung, daß das Nervennetz vor allem mit elektrischen Impulsen arbeiten würde, wobei biochemischen Substanzen nur eine untergeordnete Rolle zugebilligt wurde. Letztendlich meinte man, das zentrale und periphere Nervennetz würde wie ein hyperdifferenziertes Telegraphensystem funktionieren. In der Tat sind manche Ähnlichkeiten vorhanden:

Von den Nervenzellen im Gehirn, dem Zentrum, werden Nachrichten und Befehle mit Hilfe elektrischer Impulse über kabelähnliche Nervenphasen an den Zielort geleitet und veranlassen beispielsweise die Handmuskulatur zu willkürlicher Bewegung. Die wichtigsten Nervenbahnen haben stattliche Größe und sind – zum Beispiel bei chirurgischen Eingriffen – deutlich sichtbar; sogar schon die Anatomen des Mittelalters haben versucht, die Hauptnerven darzustellen. Manche Nervenleitstränge sind dicker als ein Finger, und einzelne Nervenäste können eine beachtliche Länge erreichen: bis zu 1,20 Metern beim Menschen und bei der Giraffe gar 4,50 Meter. Als Hauptleitungen des körpereigenen Nachrichtensystems gelten die 12paarigen direkt vom Stammhirn ausgehenden sogenannten Hirnnerven und die 31 Paar Rückenmarks- oder Spinalnerven beim Menschen. Eng damit verbunden ist ein weiteres Nachrichtennetz: das vegetative Nervensystem, das, anatomisch und funktionell eigenständig, alle unbewußten, nicht willentlichen Vorgänge in unserem Körper steuert. Die Nachrichten in den Nervenleitungen eilen nicht nur in Richtung Peripherie, sondern von den Augen, der Haut und den anderen Sinnesorganen kommen Empfindungsleitungen (sensible Nerven), die mit den anderen Nerven in einer gemeinsamen Hülle verlaufen und die Eindrücke aus unserer Umwelt direkt ins Zentrum – an unser Gehirn – melden.

Die Befehle (z. B. Hirn → Peripherie) und die Empfindungen (z. B. Peripherie → Hirn) werden, vereinfacht gesagt, mittels kleiner codierter Stromstöße durch die Nervenleitungen geschickt. Die Informationsübertragung von einer Nervenzelle zur anderen geschieht an kompliziert gebauten Schaltstellen, den sogenannten Synapsen. Lange Zeit glaubte man, die ankommenden elektrischen Impulse würden an diesen Schaltstellen von einer Nervenzelle auf die benachbarte Nervenzelle wie ein Funke überspringen. Doch schon Ende der zwanziger Jahre gab es vage Hinweise, und seit den fünfziger Jahren ist experimentell bewiesen: Sobald der Nervenimpuls am Ende des Nervenstranges angelangt ist, löst er nicht nur weitere elektrische Vorgänge aus, sondern setzt vor allem eine Vielzahl von biochemischen Substanzen in Bewegung.

Die Botschaft, die an einer Synapse in Form eines Nervenimpulses ankommt, wird durch winzige Botenmoleküle (Neurotransmitter) aufgegriffen und der benachbarten Nervenzelle überbracht. Diese Nachbarzelle nimmt den Befehl des Neurotransmitters durch einen spezifischen Empfangsschalter (Rezeptor) entgegen. Dann startet die Zelle ein hochkompliziertes System biochemischer Vorgänge, wobei wiederum Botenmoleküle – allerdings andere als vorher – eine entscheidende Rolle spielen.

All dies ist – biochemisch gesehen – das zentrale Ereignis im Gehirn und im gesamten Nervensystem: Unsere Wahrnehmungen, unsere Gedanken, Gefühle und Handlungen werden von Botenstoffen getragen, weitergeleitet und »verarbeitet«. Die Botenstoffe ermöglichen den Informationsaustausch zwischen den Millionen und Abermillionen Nervenzellen, die sich in einem ständigen »Dialog« aufeinander abstimmen. In diesem Dialog fungieren die Botenstoffe gewissermaßen als »Wörter«. Denken, Fühlen und Handeln ist ohne Botenstoffe nicht möglich.

Und es sind Botenstoffe, die die ankommenden Botschaften im Bereich der Synapse genau registrieren und für die Informationsspeicherung sorgen: Dies ist die Grundlage für unser Gedächtnis. Wenn wir einen neuen, selbst sehr einfachen Vorgang in unser Gedächtnis aufnehmen wollen (z. B. die Erklärung der Schlüssel für ein uns fremdes Haus), dann werden die Synapsen von Millionen von Nervenzellen (und damit unzählige Botenstoffe) unterschiedlich intensiv in Erregung versetzt.

Der menschliche Körper produziert eine Vielzahl von Botenstoffen, nicht nur in den Synapsen, nicht nur im Gehirn, sondern in allen Organen, in allen Körperregionen.

Als erster Botenstoff wurde in den zwanziger Jahren Acetylcholin entdeckt. Viele Jahre später erkannte man die Transmitter-Bedeutung von Noradrenalin. Dann nahm man lange Zeit an, das menschliche Nervensystem würde nur über diese beiden Neurotransmitter verfügen. Kurioserweise war es die Psychopharmaka-Forschung, die immer wieder neue Neurotransmitter nachweisen konnte. Dieser aufwendig betriebene, mit Milliarden Dollar finanzierte Forschungsbereich der Pharmaindustrie sucht ständig nach »besseren« Pillen, um aus dem menschlichen Gehirn Depressionen, Ängste oder Schmerzen zu vertreiben, um Über-Phantasierendes chemisch zu dämpfen oder um antriebsarmen Menschen mit Hilfe synthetischer Mittel neuen Schwung zu geben. Bei der laborchemischen Suche nach neuen erfolgreichen Antidepressiva, Schmerz- oder Beruhigungsmitteln eröffneten sich bahnbrechende Erkenntnisse, die eigentlich gar nicht im Sinne des ursprünglichen Forschungsauftrags lagen. Der menschliche Körper – so zeigte sich – produziert eigene Psycho-Drogen: beispielsweise schmerzstillende, morphinähnliche Stoffe (Endorphine) oder angstlösende, valiumähnliche Substanzen (das sog. Endovalium) oder LSD-ähnliche endogene Drogen oder anregend wachmachende Neurohormone (z. B. Noradrenalin) oder phantasiefördernde Transmittermoleküle (z. B. Dopamin).

Weltweit konzentrierten sich Biochemiker, Neurophysiologen und Pharmakologen in hochtechnisierten Forschungslabors auf die sensationellen Fähigkeiten des eigenen Körpers: der Mensch als autonomer Pharmaka- und Drogenproduzent. Bis Mitte der siebziger Jahre kannte man gerade fünf verschiedene Neurotransmitter. In den achtziger Jahren wurden in relativ kurzer Zeit Dutzende von Botenstoffen gefunden und in ihrer Molekularstruktur dargestellt; gegenwärtig wird fast wöchentlich eine Neuentdeckung gemeldet. Mittlerweile nimmt man mindestens hundert besonders wichtige und häufig auftretende Neurotransmitter an, insgesamt sind aber mehrere Hundert Botenstoffe im menschlichen Körper aktiv. Hinzu kommt, daß einige als zentral wichtig erachtete Neurotransmitter offenbar zusätzliche Hilfsboten um sich haben, die die Tätigkeit der »Chefboten« unterstützend verstärken oder gegebenenfalls ihn bremsen, wenn er in einen Aktivitätsrausch zu verfallen droht.

Einer dieser hochbedeutsamen, einflußreichen Neuro-Boten ist das Acetylcholin, bei dessen Mangel wir nichts Neues mehr lernen können, ja sogar – wie bei der Alzheimer Krankheit – unser Gedächtnis verlieren. Dieses Molekül, aus dem gewissermaßen unsere Gedanken sind, hat gleich mehrere Botenmoleküle als Adjutanten. Substanz P heißt einer dieser »Hilfsboten«, ist aber durchaus auch in der Lage, eigenständig als »Hauptmolekül« aufzutreten.

Die chemisch überraschend schlicht gebauten Botenstoffe zeigen durchaus Individualität. Ein und derselbe Botenstoff wirkt an verschiedenen Orten auf unterschiedliche Weise; beispielsweise erfüllt das erwähnte Acetylcholin in der Großhirnrinde völlig andere Aufgaben als an der Skelettmuskulatur.

Die Forschung der Pharmaindustrie versucht nun seit Jahren, Substanzen herzustellen, die den körpereigenen Drogen des Menschen ähnlich oder gleich sein sollen. Bei einigen Substanzen ist dies gelungen: So dachte man, mit synthetisch hergestelltem Acetylcholin könne man die Gedächtnisleistung fördern oder Alzheimer-Kranke heilen. Aber der menschliche Körper baut das künstlich synthetisierte Acetylcholin sofort ab, obwohl es mit dem körpereigenen Acetylcholin identisch ist, vernichtet es, gleichgültig ob es als Pille oder als Injektion verabreicht wird. Auch die Herstellung künstlicher Endomorphine war ein Fehlschlag: Man versprach sich ein starkes, nicht süchtig-machendes Schmerzmittel. Aber diese Hoffnung war offensichtlich falsch. Die künstlich hergestellten »Endorphine« – in den Muskel oder in die Vene verabreicht – können genauso zur Abhängigkeit führen wie das seit alters her bekannte Morphium aus der Mohnpflanze. Die künstlich hergestellten Endorphine zeigen also andere Effekte als die körpereigenen Drogen: Die natürlichen Endorphine, die jeder im Körper hat, machen normalerweise nicht abhängig, sonst wäre ja jeder Mensch süchtig.

Naheliegend wäre es, psychologische Methoden und nicht-chemische Techniken zu erforschen, um damit dann gezielt bestimmte körpereigene Botenstoffe zu stimulieren. Natürlich hat die Pharmaindustrie an einer solchen Forschung kein Interesse, weil derartige Entdeckungen nicht finanzträchtig sind.

Erstaunlicherweise ist bisher nur wenigen bekannt, daß es bereits jetzt möglich ist, mit Hilfe bestimmter Methoden einige spezifische körpereigene Botenstoffe zu stimulieren. Beispielsweise ist experimentell erwiesen, daß durch zwei so unterschiedliche Verfahren wie Akupunktur oder das Lauschen angenehmer Musik der Endorphin-Spiegel im Körper deutlich erhöht werden kann. Ein erstrebenswertes Ziel der Neuro- und Psychowissenschaften sollte sein, nicht noch mehr exogene (= von außen zuzuführende) Drogen herzustellen, sondern die Aufmerksamkeit auf die endogenen (körpereigenen) Drogen zu richten, also auf die Botenstoffe (Neurotransmitter, Neurohormone), die die entscheidende Grundlage allen Denkens, Fühlens und Handelns sind.

Die Nervenzellen haben die außergewöhnliche Eigenschaft, ein Signal oder eine Information an einen, auch weit entfernten Ort des Körpers zu übermitteln. Die Mikroanatomie einer Nervenzelle zeigt, daß sie für diese Nachrichtenübermittlung bestens qualifiziert ist: Der Zellkörper ähnelt zwar den übrigen Körperzellen, doch hat die Zelle wie ein winziger Tintenfisch eine Vielzahl von Zellarmen (auch Zellfortsätze genannt). Die überaus zahlreichen kurzen Arme der Nervenzelle heißen Dendrite; der einzige auffällig lange, oft über viele Zentimeter sich erstreckende Fortsatz wird Axon (griechisch: Achse) genannt. Eine besonders arbeitsame Nervenzelle hat 1000 oder sogar 10000 Dendrite und berührt mit diesen Zellarmen benachbarte Nervenzellen. So entsteht ein Bild, als würden vielarmige Kleinstlebewesen sich gegenseitig ihre unzähligen Händchen reichen. Auf engstem Raum entwickelt sich dadurch ein dicht verschaltetes Nervennetz.

Empfängt eine Nervenzelle über einen ihrer Dendrite eine Nachricht, so wird der entstandene Impuls zum einen in der Zelle »verarbeitet« und eventuell auch gespeichert, zum anderen wird er entlang des Axons fortgeleitet bis zum Ende dieses Nervenstranges. Bei all diesen Vorgängen spielen offenbar elektrochemische Prozesse als treibende Kraft eine wesentliche Rolle. Eine Nervenerregung, die sich als elektrochemische Aktivitätswelle am Axon ausbreitet, kann eine Geschwindigkeit bis zu 120 m pro Sekunde erreichen. Nur so erklärt sich, daß viele Lebewesen – auch der Mensch – in entsprechenden Situationen überaus rasch reagieren können: Wenn das Auge zum Beispiel einen Ball auf das Gesicht zufliegen sieht, wird dieses Geschehen sofort dem Gehirn signalisiert; dann ergeht vom Gehirn der Befehl an die Hände, den Ball entweder abzuwehren oder zu fangen. In Bruchteilen einer Sekunde wird eine differenzierte visuelle Wahrnehmung weitergeleitet, im Zentralnervensystem werden gleich mehrere Regionen erregt und müssen sofort koordiniert reagieren und sinnvolle Befehle an die Peripherie erteilen. An dieser Blitzaktion des Nervensystems sind außer den dazugehörigen Kreislauf- und Stoffwechselvorgängen mehrere Millionen Nervenzellen aktiv beteiligt, unzählige, sehr verschiedene Transmitter-Moleküle und Rezeptoren und Legionen von Hilfsproteinen und energiegeladenen Molekülen; darüber hinaus wird das Geschehen auch noch als abrufbares Gedächtnis gespeichert.

Der Vergleich des Nervennetzes mit einem Telegrafensystem ließe sich erweitern, wenn wir uns vorstellen, daß eine Person, die einen Telegrafen bedient, allerlei Nachrichten sowohl weiterleitet als auch entgegennimmt; diese Person entspräche hinsichtlich ihrer Funktion den Botenstoffen des Nervensystems. Der »ortsnahe« Nachrichtenaustausch würde gewissermaßen über die Dendriten erfolgen; der Fernverbindung dient das Axon. Sind Meldungen in nächste Nähe zu bringen oder sind es besonders wichtige Botschaften, dann geschieht die Übermittlung nicht mit Hilfe der Nervenleitungen, sondern das Botenmolekül macht sich gleichsam selbst auf den Weg und überbringt die Nachricht.

Die Neurotransmitter kommen nicht nur an den Nervensynapsen vor und werden nicht nur in den Nervenendigungen und im Gehirn hergestellt. Manche Botenstoffe werden in der Magenwand (z. B. Secretin), in der Muskulatur, in der Haut (z. B. Histamine) gebildet – wahrscheinlich sind alle Organe, alle Regionen des Körpers an der Produktion von Botenstoffen beteiligt. Einige Transmitter wandern in Blut- und Lymphbahnen, ähnlich wie die klassischen Hormone (also Adrenalin, Cortison, Schilddrüsen- und Sexualhormone, Insulin); diese Hormone waren den Neuro-Wissenschaften schon lange vor den Transmittersubstanzen bekannt. Als Hormone lassen sich solche Botenstoffe definieren, die in spezialisierten Organen (z. B. Nebenniere, Schilddrüse, Hypophyse) hergestellt werden und über die Blut- oder Lymphwege in alle Körperbereiche vordringen können. Hormone sind lebenswichtige Wirkstoffe und regeln in enger und permanenter Zusammenarbeit mit dem Nervensystem entscheidende Funktionen unseres Körpers wie Stoffwechsel, Wachstum, Sexualität. Früher wurden die Neurotransmitter und die Hormone zwei unterschiedlichen Funktionsbereichen zugeteilt; heute neigen viele Neurowissenschaftler dazu, alle Botenstoffe – ob Neurotransmitter, Neuro-Hormone oder Hormone – als ein einziges eng miteinander verbundenes System zu betrachten.

Dabei sind die Hormone (Schilddrüsenhormone, Cortison o. a.) in ihrer Tätigkeit etwas langsamer als die Neurotransmitter, dafür aber anhaltender wirksam und bringen eine gewisse Konstanz in die täglichen Abläufe des Lebens.

Früher ging man davon aus, daß einige Hormone – z. B. Insulin – nur in bestimmten Drüsen (in diesem Fall in der Bauchspeicheldrüse) gebildet würden; inzwischen gibt es Hinweise darauf, daß auch das Gehirn in der Lage ist, alle im Körper vorkommenden Hormone herzustellen, sogar das blutzuckerregulierende Insulin. Die meisten Botenstoffe – ob Neurotransmitter oder Hormone – sind im gesamten Körper vorhanden und arbeiten ständig eng zusammen. Unsere Aktivität, unser Temperament, wie schnell wir denken oder reden, wie geschickt wir reagieren – all dies ist davon abhängig, wie sehr beispielsweise die Neurotransmitter Noradrenalin und Dopamin uns anfeuern oder in welchem Maße ein anderer Neurotransmitter – Serotonin – uns beschwichtigt und zurückhält oder wie groß der Einfluß der leistungssteigernden, aber energieabbauenden Schilddrüsenhormone ist.

Der Mensch als Molekül

Die Transmitter sind nicht nur Überbringer von Botschaften, sondern gewissermaßen das chemische Substrat unserer Gedanken und Gefühle. Entsteht ein Gedanke, dann geschieht dies durch ein Zusammenspiel von mehreren unterschiedlichen Transmittern. Entwickelt sich zuerst ein Gedanke und dann eine Kombination von Botenmolekülen, oder bildet sich zuerst ein molekulares Bild, das einen Gedanken hervorbringt? Diese Frage läßt sich nicht beantworten. Das Ergebnis dieser beiden Prozesse scheint ähnlich zu sein. Ein Gedanke wird von Milliarden Transmitter-Molekülen getragen, ähnlich ist es mit unseren Gefühlen, die durch unterschiedlich hohe Konzentrationen der verschiedenen Transmitter erzeugt werden. Für wohlgelaunte, unternehmungsfreudige Aufgewecktheit sorgt u. a. der Transmitter Noradrenalin, für ruhige, melancholische Beschaulichkeit ist der Botenstoff Serotonin verantwortlich, und ein Überschuß an Dopamin führt zu übersteigerter Phantasie und emotionaler Hyperaktivität.

Bei der hochspezifischen Wirkung, die Transmitter entfalten, könnte man erwarten, daß diese Moleküle eine überaus komplizierte chemische Struktur haben. Doch das Gegenteil ist der Fall: Nahezu alle bisher bekannten Transmitter haben einen sehr einfachen chemischen Aufbau. So ist der Botenstoff GABA eine Aminosäure, die in der alltäglichen Nahrung enthalten ist und die fast jeder Pflanze als Baustein dient und auch in jeder menschlichen Zelle vorkommt: und dennoch ist dieses Allerweltsmolekül GABA in der Lage, feindifferenzierte Arbeit an den Synapsen der Nervenzellen zu verrichten; überdies ist GABA einer der am weitesten verbreiteten Botenstoffe des menschlichen Nervensystems. Auch andere Neurotransmitter leiten sich von den Aminosäuren ab oder bestehen aus einer Kette mehrerer Aminosäuren (sogenannte Neuropeptide). Wieder andere, äußerst wichtige und das menschliche Verhalten wesentlich bestimmende Transmitter sind einfach strukturierte Amoniumverbindungen (sogenannte Amine); zu ihnen gehören Adrenalin, Noradrenalin und Dopamin.

Noradrenalin ist nicht nur der Stoff, der im Gehirn Wachheit und gesteigertes Bewußtsein bringen kann, sondern reguliert als Botenstoff des vegetativ-sympathischen Nervensystems auch Herzschlag, Blutdruck und Darmtätigkeit und ist überdies zusammen mit Adrenalin als Hormon der Nebenniere allgemein aktivierend, energieverbrauchend tätig. Und Noradrenalin ist ein Beispiel dafür, daß manche Transmitter durch geringfügige Umwandlung aus einem anderen Transmitter entstehen können: Dopamin, der »wilde Künstler« unter den Transmittern, kann seine Gestalt verändern und tritt dann als Noradrenalin auf. Ähnlich wie Noradrenalin macht auch Dopamin den Menschen wach und aufmerksam, kann aber darüber hinaus – individuell sehr verschieden – phänomenale Eigenschaften wecken: Für die kreativ-ausufernde Phantasie eines Malers ist Dopamin ebenso der Initiator wie für die instinktiv-fein-koordinierten Bewegungen einer Tänzerin. Dopamin verwischt die Grenze zwischen Genie und Wahnsinn und ist mitbeteiligt, wenn ein Mensch in bisher unbekannte psychische Grenzsituationen gerät.

Wegen ihres einfachen chemischen Aufbaus können die Neurotransmitter im Körper aus den reichlich vorhandenen chemischen Kleinbausteinen problemlos hergestellt werden. Diejenigen Neurotransmitter, die der Nachrichtenübertragung dienen, werden in den jeweiligen Nervenendigungen in bläschenähnlichen Gebilden (in den sog. synaptischen Vesikeln) aufbewahrt. Kommt ein elektrochemischer Impuls an der Nervenendigung an, dann entleeren diese Vesikel die Neurotransmitter an der Stelle, wo die Nervenendigung die Nachbarzelle kontaktiert (also an der Synapse). Bei einem Impuls werden verschiedene Transmitter freigesetzt, wobei die Moleküle nicht nur erregend, sondern auch hemmend auf die Nachbarzelle einwirken können. Die Boten-Moleküle müssen sich – wenn sie ihre Botschaft weitergeben wollen – einen passenden Rezeptor an der Nachbarzelle suchen. Die Rezeptoren, bei denen es sich biochemisch um Proteine handelt, akzeptieren nach dem Schlüssel-Schloß-Prinzip das Boten-Molekül entweder als richtig und lassen es eindringen, oder aber sie weisen das Molekül ab. Die nachgeschaltete Nervenzelle kann also eine ankommende Botschaft ganz oder teilweise zurückweisen und dadurch modifizieren. Erst wenn ein Kontakt zwischen Rezeptor und Transmitter-Molekül zustande kommt, wird die Botschaft weitergeleitet.

Rezeptoren sind keine starren Strukturen an der Zelloberfläche, sondern können offenbar in kürzester Zeit aufgebaut werden und ebenso schnell wieder verschwinden. Wenn ein Neurotransmitter nicht die entsprechenden Rezeptoren vorfindet, kann er seine Nachricht nicht übergeben. Die Rezeptoren sind Teil des komplexen synaptischen Geschehens, das nur als Ganzes funktioniert. Wenn wir unsere körpereigenen Drogen willentlich zu aktivieren versuchen (siehe S. 183), beeinflussen wir auch das gesamte System der Informationsverarbeitung. Wir richten unsere Aufmerksamkeit vor allem auf die Botenstoffe, weil über ihre Funktion vieles bekannt ist und weil sie im Gehirn und im gesamten Körper, an jeder Zelle, überall wirken. Sogar im Innern der Nervenzellen existieren bestimmte Botenstoffe, die für Entstehung und Ansprechbarkeit der Rezeptoren verantwortlich sind.

Sobald es zu einer Interaktion zwischen Neurotransmitter und Rezeptor kommt, beginnt in der Zelle, die den Reiz entgegennimmt, eine Reihe von Aktivitäten zur Weiterleitung und/oder Speicherung der Botschaft. Hier treten erneut Botenmoleküle auf (second messengers), die die biochemische Botschaft in einen elektrochemischen Impuls umwandeln. Dabei fließen positiv geladene Natrium-Teilchen (Na^+-Ionen) ins Zellinnere, und Kalium-(K^+)Ionen verlassen die Zelle durch winzige Ionenkanälchen – auch noch andere Elektrolyte, z. B. Chlor-(Cl^-)Ionen sind beteiligt. So baut sich ein elektrochemischer Impuls auf, der erneut an einem Nervenstrang entlangeilt, bis er die nächste Zelle erreicht.

Winzige Energiekraftwerke in der Zelle machen all diese Vorgänge erst möglich: ATP (**A**denosin**tri**phosphat) heißt dieses energiegeladene chemische Partikelchen; es ist trotz seiner Kleinheit die Hauptenergiequelle des menschlichen Körpers. Neurotransmitter sind in der Lage, diese Mini-Kraftwerke anzuzapfen und dadurch Energie freizusetzen.

Nachdem die Neurotransmitter ihre Botschaft an den Rezeptor abgegeben haben, unterliegen sie unterschiedlichen Bestimmungen. So wird beispielsweise der Transmitter Acetylcholin –

sofort nach Erfüllung seiner Aufgabe – von einem spezifischen Enzym in der Mitte durchtrennt. Die meisten anderen Neurotransmitter überleben ihre Botschaftertätigkeit, doch werden sie – gleich nach ihrem Rezeptor-Kontakt – zwangsweise wieder in die ursprüngliche Nervenzelle zurücktransportiert: Damit wird ein mehrmaliges, zu starkes Erregen der Nachbarzelle vermieden. Dieses rasche Beseitigen der Neurotransmitter verhindert außerdem, daß – z. B. im Fall der Endorphine – ihre Wirkung (Schmerzfreiheit) länger anhält als unbedingt nötig. Den Zustand einer etwas ausgedehnteren oder andauernden Schmerzfreiheit lernt der Körper also gar nicht erst kennen; dies ist wohl auch der Grund, warum durch Endorphine oder durch andere Transmitter nicht – oder nur selten – Sucht entsteht. Das deutet darauf hin, daß körpereigene Drogen unter bestimmten Umständen doch süchtig machen können, wie in einem späteren Kapitel noch erörtert werden wird.

Noch bevor man die Vielzahl von Neurotransmittern chemisch analysieren konnte, postulierte man die Existenz von Rezeptoren und konnte sie bald auch – indirekt – nachweisen. Als erste wurden die Rezeptoren der körpereigenen Morphine entdeckt. Aus der ältesten Heilpflanze des Menschen stammt eine der wirksamsten und stärksten Arzneien: das Opium. Es sorgt für Entspannung, Ruhe und angenehme Stimmung, vertreibt die stärksten Schmerzen und bringt in höherer Dosierung Euphorie und Rausch. Die modernen Pharmakologen stellten mit Staunen fest, daß nur relativ geringe Mengen von Opium nötig waren, um sich von Schmerzen zu befreien. Von manchen künstlich hergestellten opiumähnlichen Stoffen, den sogenannten synthetischen Opiaten genügen wenige Tausendstel Gramm, um einen Menschen schmerzfrei zu machen. Dieses Phänomen ist eigentlich nur erklärbar, wenn man davon ausgeht, daß sich die Opium-Moleküle nicht über die Nervenzellen des gesamten Körpers ausbreiten, sondern daß sie an wenigen, ganz bestimmten Bindungsstellen (Rezeptoren) ankoppeln. Mit radioaktiven Markierungssubstanzen haben sich tatsächlich spezifische Opiat-Rezeptoren im Gehirn und Rückenmark nachweisen lassen. Man fragte sich: Hat der Mensch in seinem Gehirn eigens geschaffene Kontaktstellen (Opiat-Rezeptoren), die nur dafür da sind, die opiaten Wirkstoffe aus der Mohnpflanze daran zu binden? Oder ist der menschliche Körper gar nicht auf die Mohnpflanze angewiesen, sondern produziert selbst opium- oder morphinähnliche Substanzen?

So wurden Hypothesen aufgestellt, die zu einem fieberhaften, schließlich erfolgreichen laborchemischen Suchen nach körpereigenem Morphium anregten. Dabei kam nicht nur ein körpereigenes Morphin zutage, sondern es erwies sich, daß das Gehirn viele morphinähnliche Wirkstoffe herstellt: analgetische (schmerzstillende) Endorphine und weitere Endorphine, die antidepressiv wirken oder Glücksgefühle und Euphorie auslösen.

Verblüffend ist die Tatsache, daß die im Körper produzierten Morphine und das Morphin der Mohnpflanze – trotz voneinander differierender chemischer Formel – in ihrer biochemischen Wirkung sehr ähnlich sind.

Die Entdeckung der Endorphine und der zugehörigen Rezeptoren verstärkte die Vermutung, daß der menschliche Körper gewissermaßen über eine eigene interne Apotheke verfügt, daß er nicht nur die seit langem bekannten Hormone wie Adrenalin oder Insulin, sondern eine überaus breite Palette von Psychodrogen produziert.

Nicht nur das Opium der Mohnpflanze findet im menschlichen Gehirn passende Rezeptoren, auch andere Arzneien suchen sich passende Rezeptoren und nehmen damit Plätze ein, die eigentlich für spezifische körpereigene Drogen-Moleküle vorgesehen sind. In den siebziger und achtziger Jahren kamen aus den Forschungslabors immer mehr Beweise, daß sich beruhigend wirkende Tranquilizer – vom Typ Valium – an bestimmte Rezeptoren im menschlichen Gehirn binden. Nun ist kaum anzunehmen, daß der Mensch mit Valium-Rezeptoren geboren wird, sondern diese Rezeptoren sind, vergleichbar den »Opiat-Rezeptoren«, für körpereigene beruhigend-angstlösende Moleküle vorgesehen. Valium und die anderen Tranquilizer (sogenannte Benzodiazepine) sind in den westlichen Industrieländern – nach dem Alkohol – zur Volksdroge Nr. 2 geworden. Verständlich, daß bei einer so umsatzkräftigen Medikamentengruppe das Interesse der Pharma-Labors groß ist. Viele Forschungsgruppen machten sich daran, Valium-Rezeptoren aufzuspüren und durch entsprechende Techniken darzustellen. Will man wissen, wo im Gehirn »Valium-Rezeptoren« sind, wird beispielsweise folgende Technik gewählt: Auf dem Frontalschnitt des Gehirns eines toten Menschen wird radioaktiv markiertes Valium aufgebracht; dadurch verbindet sich der radioaktiv strahlende Komplex mit den Valium-Rezeptoren. Legt man über den Hirnschnitt eine fotografische Platte (bzw. eine fotografische Emulsion), dann entsteht überall dort ein Fleck, wo sich radioaktiv strahlende Valium-Moleküle an Rezeptoren festgesetzt haben. So erhält man ein Bild über die Verteilung von Valium-Rezeptoren in den einzelnen Hirnregionen.

Die angstlösenden chemischen Tranquilizer (Valium u. a.) wirken vor allem auf Rezeptoren im sogenannten Limbischen System, einer Hirnregion, die Teile des Thalamus und Hypothalamus umfaßt und die Antrieb, Aggressionen, Lust und emotionales Verhalten steuert. Diese Rezeptoren dienen normalerweise den hirneigenen valiumähnlichen Substanzen, um übermäßige Angstzustände und panisches Verhalten unter Kontrolle zu bringen.

Die körpereigenen Drogenmoleküle haben meist eine oder mehrere Hauptwirkungen (z. B. Schmerzdämpfung im Falle einiger Endorphine). Das Wirkungsprofil der körpereigenen (endogenen) Drogen ist aber auf den gesamten Körper abgestimmt, so daß – wenn einigermaßen harmonisches Gleichgewicht herrscht – keine unangenehmen Nebenwirkungen auftreten (wie wir dies sonst von den Medikamenten her kennen). Die endogenen Drogenmoleküle aus dem körpereigenen Arzneimittel-Reservoir wirken in niedrigster Konzentration hochspezifisch – dies sind pharmakologische Eigenschaften, von denen Pharmaforscher und Pillenproduzenten nur träumen können.

Die Transmitter kommen, wie bereits erwähnt, in allen Organen und Regionen des Körpers und – unterschiedlich konzentriert – in verschiedenen Hirnregionen vor. Im Limbischen System, dem emotionalen Zentrum unseres Gehirns, sind nicht nur Rezeptoren für das körpereigene Valium dicht gestreut, sondern ebenso Opiat-Rezeptoren; und auch andere körpereigene Drogen – z. B. das anregende Noradrenalin – entfalten dort ihre Wirkungen. Erwähnenswert ist noch das Serotonin, eine körpereigene Droge mit vielfältiger Wirkung auf Stimmung und Schlaf, die im Limbischen System ebenfalls stark repräsentiert ist. Eine verminderte Aktivität von Serotonin wird mit Introvertiertheit, Schlaflosigkeit und Depression in Verbindung gebracht. Da laut Statistik bis zu 20 Prozent der Bevölkerung wiederholt unter schweren Depressionen leiden, sind Serotonin und sein Stoffwechsel zu einem beliebten Betätigungsfeld der Psycho-Pharmakologen geworden auf der Suche nach angeblich besseren antidepressiven Pharmaka.

Das Limbische System breitet sich unterhalb des Großhirns aus und hat die Form von zwei großbogigen Hörnern; es ist der Hauptort für Gemüt und emotionales Gedächtnis. Durch dichte Nervenbahnen ist es mit vielen Hirnregionen verbunden, vor allem mit der Hypophyse: Dort werden übergeordnete Hormone ausgeschüttet, die ihrerseits – beispielsweise über die Nebennierenrinde – Adrenalin mobilisieren können. Starke Emotionen wie Angst oder Wut drücken sich in körperlichen Adrenalin- und Noradrenalin-gesteuerten Alarmreaktionen aus (Flucht, Kampf oder körperliches Ausagieren von Aggressionen). Die enge Verbindung des Limbischen Systems mit der Großhirnrinde (Cortex) bringt es mit sich, daß all unsere Gedanken von Emotionen begleitet sind.

Dopamin ist besonders konzentriert in Zentren, die die Feinmotorik regeln (z. B. dem »corpus striatum«) und im Stirnhirn, das zuständig ist für Antrieb, Sozialverhalten und für alle Eigenschaften, die die »Persönlichkeit« eines Menschen ausmachen. Der Botenstoff Acetylcholin wirkt vor allem in der Großhirnrinde, dem Ort, wo offenbar die meisten unserer Gedanken entstehen. Doch Acetylcholin ist nicht nur im Gehirn tätig, sondern findet sich eigentlich überall im Körper, besonders konzentriert an der Muskulatur: Ohne Acetylcholin kann kein Muskel sich bewegen, Lähmung tritt ein.

Jeder Gedanke und jedes Gefühl wird von einer spezifischen Kombination unterschiedlicher Neurotransmitter getragen. Die wichtigsten der bekannten Botenstoffe im menschlichen Körper sind für ganz bestimmte Gefühls- und Geisteszustände verantwortlich: Serotonin wirkt emotional beruhigend, etwas bewußtseinsdämpfend und schlaffördernd; Dopamin regt emotional und sexuell an, fördert Wachheit, Phantasie und Kreativität; Acetylcholin ermöglicht Gedächtnis und intellektuelle Einsichten, schärft die Wahrnehmung und ist der Neurotransmitter unseres Denkens; Noradrenalin macht wach, bewußtseinsklar, fördert Alarmbereitschaft, aber auch aggressives Ausagieren; GABA wirkt beruhigend und entspannend.

Gemütseigenschaften wie Freude, Trauer, Liebe, Hoffnung, Intuition, Wünsche, Träume sind an Moleküle gebunden. Sie lassen sich durch Moleküle übertragen oder durch sogenannte Antagonisten blockieren: Wenn einer tiefschlafenden Katze etwas Liquor (Nervenwasser) entnommen wird und einer anderen Katze in den Rückenmarkskanal injiziert wird, dann fängt auch die zweite Katze an zu schlafen. Wer eine stattliche Dosis hochpotenter Neuroleptika nimmt (d. h. persönlichkeitsverändernder, dämpfender Psychopharmaka), bei dem wird Dopamin blockiert und damit Phantasie und Kreativität beschnitten. Versuchspersonen, denen ein atropinähnliches Gegenmittel zu Acetylcholin gegeben wird, sind nicht mehr in der Lage, Neues zu lernen. Bereits an früherer Stelle wurde beschrieben, daß nach der Injektion von (eigentlich körpereigenen, aber synthetisch hergestellten) Endorphinen Schmerzfreiheit und Glücksgefühle sich einstellen. Weitere Beweise dafür, daß intellektuelle und emotionale Fähigkeiten an die Existenz bestimmter Moleküle gebunden sind, ließen sich noch vielfach fortführen. Und eines Tages wird man vielleicht beginnen, den Stimmungszustand eines jeden Menschen laborchemisch zu diagnostizieren:

Dann wird man, ähnlich dem Cholesterin- oder Blutzuckerspiegel, auch den Blutspiegel für Glückssubstanzen oder für Depressions-Transmitter bestimmen. Es gibt bereits laborchemische Hinweise, daß der Serotoninspiegel bei einigen depressiven Menschen deutlich erniedrigt sei. Auch in den Gehirnen von Selbstmördern ist unterdurchschnittlich wenig Serotonin nachweisbar. Vielleicht kann in einer nicht fernen Zukunft in einem Screening-Test der Blutspiegel der wichtigsten Neurotransmitter festgestellt werden: Zu niedrige Transmitterkonzentrationen würden dann durch synthetisch hergestellte Neurohormone ergänzt, bis eine emotionale und intellektuelle Normangleichung erreicht wäre – eine Horrorvision vom manipulierten und synthetisch genormten Menschen, vom Untergang des Individuums.

Das biochemische Äquivalent unserer Lebensenergie

Unsere Gefühle, unsere intellektuelle Leistungsfähigkeit und unsere geistige Einstellung gegenüber der Umwelt sind von einem abgewogenen Zusammenspiel der körpereigenen Drogen abhängig. Dabei darf man sich dieses Zusammenspiel nicht statisch vorstellen, sondern als ständige, rhythmische Bewegung zwischen den einerseits aktivierenden und den andererseits beruhigenden Botenstoffen. Hier ergibt sich eine Ähnlichkeit zur altchinesischen Philosophie, wo im wesentlichen zwei fundamentale Lebensenergien gelten: Yin und Yang.

Die Gesamtheit aller wirkenden körpereigenen Botenstoffe ist das biochemische Äquivalent unserer Lebensenergie, unsere Persönlichkeit. Die vielen hundert unterschiedlichen körpereigenen Drogen streben (aufgrund der von ihnen aufgebauten und getragenen Informationen) ständig nach einem harmonischen Ausgleich und halten so den Organismus in permanenter Wandlung. Erlöschen diese Wandlungen, so erlöscht auch das Leben.

Die aktivierenden, also auf Tätigkeit gerichteten körpereigenen Drogen sind energieverbrauchend, vor allem am Tag wirksam und führen zu vermehrter psychisch-körperlicher Anspannung; in der altchinesischen Philosophie entsprächen diese spezifischen körpereigenen Drogen dem männlichen Prinzip des Yang. Zu dieser Gruppe kann man Adrenalin und Noradrenalin, die Schilddrüsenhormone, Dopamin, Acetylcholin, die männlichen Sexualhormone und mehrere andere Substanzen zählen.

Die beruhigenden Botenstoffe bringen Entspannung, sind energieaufbauend, vermitteln Nachgiebigkeit, Weichheit und entsprechen eher dem weiblichen Prinzip Yin. Hierzu könnten unter anderem die Endorphine, das Serotonin, das körpereigene Endovalium, GABA, Cortisol und die weiblichen Sexualhormone gerechnet werden.

Die aktivierenden und die beruhigenden Botenstoffe sind jedoch nicht als Gegenspieler, nicht als Antagonisten zu verstehen, sondern eher als Synergisten, als Teilkräfte einer gemeinsamen Lebensenergie, die zusammenwirken, ineinanderfließen und damit die Wandlungen des menschlichen Mikrokosmos entstehen lassen. Das harmonische Zusammenwirken beider Kräfte läßt sich am Schlaf anschaulich erkennen: Schlaffördernd wirken vor allem die körpereigenen valiumähnlichen Stoffe, darüber hinaus die Endorphine, Serotonin und Melatonin. Doch es beteiligen sich auch einige Substanzen von der »Gegenseite«, beispielsweise Acetylcholin und vor allem Adrenalin und Noradrenalin kontrollieren die Schlaftiefe und verhindern ein Versinken in einen allzu festen Schlaf. Auch dann, wenn wir äußerst entspannt schlafen, sorgen Adrenalin und Noradrenalin für eine innere Alarmbereitschaft, die uns bei Störung oder Bedrohung in Sekundenschnelle wach werden und handeln läßt. Ganz anders ist es, wenn man mit Hilfe von Schlaftabletten in einen künstlichen Schlaf fällt, da hierbei oft gleichzeitig das innere Warnsystem betäubt wird.

Die vielfältigen aktivierenden oder beruhigenden körpereigenen Drogen reagieren ständig, ohne jegliche Unterbrechung, auf die tausendfachen, zu jeder Sekunde unseres Lebens wahrnehm-

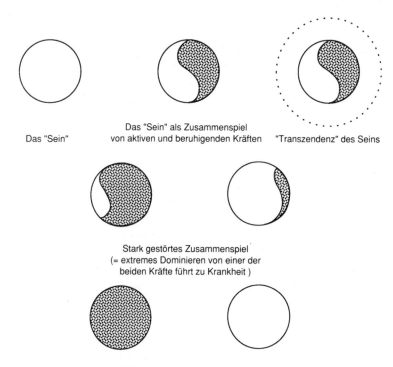

baren Vorgänge und Reize. Die scheinbar gegensätzlich, polar wirkenden Botenstoffe – also die aktivierenden bzw. beruhigenden Moleküle – stimulieren gemeinsam die einzelnen Organe unseres Körpers zu spezifischen Leistungen, sie initiieren und kontrollieren alle Vorgänge in unserem Körper, machen Leben überhaupt erst möglich.

Unharmonisches Zusammenspiel von aktivierenden und beruhigenden Botenstoffen entsteht dann, wenn einer dieser beiden Bereiche über längere Zeit erheblich dominiert. Ein ständiges Überwiegen der aktivierenden Substanzen oder ein krasses Vorherrschen der beruhigenden Stoffe bewirkt eine Energieverschiebung im Körper, die sich in Störungen oder gar in Krankheiten äußern kann.

In der altchinesischen Philosophie gilt Krankheit als Entgleisung des harmonischen Gleichgewichts der kosmischen Energie (oder Lebensenergie) Yin und Yang. Ziel der Behandlung ist es, den ständigen Energiefluß der beiden Kräfte Yin und Yang wieder in Harmonie zu bringen. Dies soll beispielsweise durch die klassische Akupunktur erreicht werden.

Wird ein Lebewesen in extremen Situationen ausschließlich von seinen aktivierenden oder ausschließlich von seinen beruhigenden Substanzen beherrscht, dann führt dies innerhalb kurzer Zeit zum Tod. Werden gefangene Wildkaninchen in einen Käfig gesperrt und durch Jagdhunde oder durch Frettchen bedroht, so reagieren sie in dieser extremen, lebensgefährdenden Situation mit einem krisenhaften Anstieg ihrer aktivierenden Substanzen. Die allesbeherrschende, aktivierende Alarmreaktion kann infolge des Eingesperrtseins nicht ausagiert werden – ein rascher Tod ist die Folge. Ähnliches ist auch beim Menschen bekannt: Gefangene, die in Kriegs- und Terrorzeiten entsetzlich gefoltert werden, sterben oft »unerwartet« während der Folter, obwohl die folterbedingten Körperverletzungen (z. B. leichte Stromschläge an den Genitalien oder an einer Zahnwurzel) eigentlich – körperlich gesehen – nicht lebensbedrohlich sind. Doch durch die extreme Angst vor erneuten Stromschlägen entsteht ein Übermaß an Streßfaktoren im Körper, das zum plötzlichen Tod führt.

Das sonst harmonische Zusammenwirken von aktivierenden und beruhigenden körpereigenen Substanzen erfolgt in einem bestimmten, bei vielen Menschen gleichen Tagesrhythmus: Der Neurotransmitter Serotonin, der zu Entspannung und Schlaf beiträgt, hat offenbar ein Wirkungsmaximum gegen vier Uhr morgens. Adrenalin und Noradrenalin erreichen ihren Aktivitätsgipfel in den frühen Vormittagsstunden (z. B. zwischen neun und elf Uhr) und am späteren Nachmittag (gegen 17 Uhr). Der Blutspiegel des körpereigenen Cortisols (das aus dem Nebennierenrinden-Hormon Cortison entsteht) ist um acht Uhr morgens fünf- oder zehnmal höher als um Mitternacht.

Diese Tagesrhythmik der körpereigenen Drogen wird von den Zirbeldrüsenhormonen zu einem individuellen Biorhythmus harmonisiert und hat ganz wesentlichen Einfluß auf das Verhalten der Lebewesen. Die rhythmisch-ansteigende Konzentration von Adrenalin und Noradrenalin führt zu einem Aktivitätsimpuls, der vom betroffenen Lebewesen ausgelebt, »verbraucht« werden muß: So wird beispielsweise eine Katze, die in einer Wohnung eingesperrt ist, auch in fortgeschrittenem Alter Wollknäuel jagen und als Beute herumtragen, als hätte sie einen Vogel oder eine Maus erlegt. Durch stereotyp sich wiederholende, sinnlos scheinende Aktionen wird das drängende Übergewicht der aktivitätsschürenden Adrenalin- und Noradrenalinmoleküle schließlich abgebaut, und nach einer Weile entsteht wieder ruhige Ausgeglichenheit. Ähnliche auf Ausagieren drängende Aktivitätsschübe erfährt auch der Mensch.

Wird über längere Zeit diesem Ur-Instinkt nach Abbau der aktivitätsfördernden körpereigenen Drogen nicht nachgegeben, dann kann dieses Ungleichgewicht zu psychischen oder psychisch-körperlichen (psychosomatischen) Störungen oder Krankheiten führen. Schlimmer noch ist es, wenn man regelmäßig unangenehm empfundenem Streß ausgesetzt ist: Der Körper wird mit dem aktivitätssteigernden wach- (und aggressiv-)machenden Noradrenalin überschwemmt, aber die permanenten Aktivitätsschübe werden körperlich nicht ausgelebt. Verständlich, daß viele Streßgeplagte unter hohem Blutdruck, Herzrasen, Schweißausbrüchen, Schlafstörungen, innerer Unruhe, Aggressivitätsausbrüchen oder Angstzuständen leiden. All diese Störungen sind im wesentlichen durch Noradrenalin bedingt. Einige Menschen versuchen durch abendlichen Sport den tagsüber künstlich überhöhten Noradrenalin-Spiegel abzubauen, die meisten jedoch dämpfen die innere Noradrenalin-Erregtheit durch chemische Beruhigungspillen oder durch Alkohol. Psychische Streßbelastungen erhöhen auch die Cortisol-Produktion in unserem Körper. Ein Zuviel an Cortisol vermindert aber unsere Infektabwehr; so wird erklärlich, daß Streßgeplagte besonders häufig unter grippalen Infekten leiden und auch für andere virale oder bakterielle Infekte überdurchschnittlich anfällig sind.

Auch andere Transmitter und Hormone zeigen rhythmische Veränderungen hinsichtlich ihres Blutspiegels, so die Endorphine, Dopamine, die Schilddrüsenhormone und einige Sexualhormone. Von nahezu allen bekannteren körpereigenen Drogen kann mittlerweile die Konzentration im Blut oder Liquor bestimmt werden. Einige dieser Wirkstoffe lassen sich auf relativ einfache Weise in jedem größeren Labor nachweisen. Ohne jegliche technische Hilfsmittel lehrte die altchinesische Akupunktur schon vor vier- bis fünftausend Jahren, daß der Energiekreislauf der Kräfte Yin und Yang einem 24-Stunden-Rhythmus folgt, wobei jedes Organ und der dazugehörige Meridian (Leitlinie an der Körperoberfläche) zu unterschiedlichen Zeiten von unterschiedlich starker Lebensenergie durchflutet werden.

Während die meisten Botenstoffe dem Tagesrhythmus (also dem Zyklus der Sonne) folgen, orientieren sich beispielsweise die weiblichen Sexualhormone am Zyklus des Mondes (so entsteht die meist 28tägige Menstruationsperiodik). Der Mensch reagiert mit seinen Botenstoffen also nicht nur auf seine Umwelt, nicht nur auf seine Mitmenschen, sondern ist auch für die Einflüsse des Kosmos offen. Verständlich, daß die altchinesische Philosophie, die ayurvedische Heilkunde Indiens oder andere Naturphilosophien die Naturgewalten und den Kosmos in ihr Menschenbild miteinbezogen und zu einem untrennbaren Teil ihrer Heilkunst werden ließen.

Die weiblichen Sexualhormone sind nicht nur für den Menstruationszyklus oder für die Schwangerschaft wichtig. Die Östrogenproduktion prägt ganz wesentlich das Erscheinungsbild, das körperliche Befinden und die Stimmung der Frau. Ein relativ hoher Östrogenspiegel sorgt für eine ausgeglichene Reaktion des vegetativen Nervensystems (Blutdruck, Puls, Schweißabsonderung), stabilisiert das Gefühlsleben und bewirkt feminines Aussehen (wie glatte Haut oder Schwellung der Brüste).

Auch Männer produzieren Östrogene: gewissermaßen ein Hinweis auf die »Frau im Mann«; eine zu hohe Östrogenkonzentration bewirkt allerdings eine Feminisierung des Mannes (wobei im Extremfall der Bartwuchs ausbleibt und sich sogar Brüste ausbilden können). Umgekehrt haben Frauen das männliche Testosteron im Körper, also die Substanz, die für die »männliche Seite der Frau« verantwortlich ist; bei pathologisch erhöhten Testosteron-Werten tritt Virilisierung (Vermännlichung) ein.

Mit einem Überschuß an Testosteron oder anderen männlichen Sexualhormonen läßt sich eine body-building-ähnliche muskulöse Statur erreichen (bekannt geworden ist dies durch das Doping von Sportlern mit Hilfe von testosteronähnlichen sog. Anabolika). Die männlichen Sexualhormone fördern auch die Aggressivität; dies trägt sicherlich zu dem grundsätzlichen Charakterunterschied zwischen Mann und Frau bei.

Nicht nur die Gestirne haben Einfluß auf die körpereigenen Drogen, auch das Klima, dem wir ausgesetzt sind, wirkt entscheidend auf die Regelmechanismen unseres Körpers ein: Mehr Sonnenbestrahlung bewirkt über eine Stimulierung des Mittelhirns eine zusätzliche Bildung des allgemein aktivierenden, stimmungshebenden Noradrenalins. So ist begreiflich, daß Südländer dynamischer, temperamentvoller, extrovertierter sind und daß es in der Ferienzeit Millionen Nordländer zur Stimmungsaufhellung in den sonnigen Süden zieht. In den lichtarmen nördlichen Ländern leiden sehr viel mehr Menschen unter Depressionen als in südlichen Ländern; die Selbstmordrate ist dort höher, vor allem während der düsteren Wintermonate.

Auch die Psychiater sind auf die stimmungsaufhellende Wirkung des Sonnenlichts aufmerksam geworden, und einige Kliniken verordnen UV-Bestrahlung als antidepressive Therapie. Wer während der grau-bewölkten Wintermonate zu Hause eine sehr helle, dem Sonnenlicht nachempfundene Speziallampe frühmorgens und abends leuchten läßt, kann – dies haben wissenschaftliche Studien gezeigt – seine Depressionen vertreiben.

Die Sonne wirkt auch auf andere körpereigene Botenstoffe, so verlangsamt sie beispielsweise die Bildung des dämpfenden Melatonins. Dieses Neurohormon entsteht in der Zirbeldrüse, wo früher der Sitz der Seele vermutet wurde. Melatonin wirkt normalerweise beruhigend, macht aber auch, vor allem in höherer Konzentration, schläfrig, schlapp und antriebsarm. Bei Dunkelheit wird die Melatonin-Produktion vorangetrieben, bei Sonnenlicht erheblich gedrosselt. Wahrscheinlich löst Melatonin bei Tieren den Winterschlaf aus und versetzt auch die Menschen in der sonnenarmen Jahreszeit in einen lethargischen Zustand. Mangel an Sonnenlicht läßt auch den Neurotransmitter Serotonin erst voll wirksam werden. Unter Serotonineinfluß erscheint der Mensch ruhig und gelassen, distanziert und überwiegend introvertiert; Mimik und Gestik sind überlegt und zurückhaltend. Selbstverständlich ist Serotonin bei Sonnenlicht ebenfalls aktiv, wird aber vom allgemein anregenden Noradrenalin übertönt.

Die charakteristischen Bewegungen und Gesten des Menschen werden überwiegend vom Neurotransmitter Dopamin gesteuert. Ähnlich wie Noradrenalin macht Dopamin wach, aufmerksam, optimistisch und gut gestimmt (in Gehirnzentren, die für Freude und Glücksgefühl verantwortlich sind, werden besonders hohe Dopamin-Konzentrationen gefunden).

Dopamin ist zweifellos ein sehr wichtiger persönlichkeitsprägender Botenstoff unseres Gehirns. Für das fein abgestimmte Fingerspiel eines Klaviervirtuosen ist er ebenso zuständig wie für die grazil koordinierten Bewegungen einer Ballettänzerin. Dopamin kann die Gedanken beflügeln und zu überschießender Phantasie und Kreativität führen. Wer sich nicht mehr konzentrieren kann oder krampfhaft auf eine Inspiration wartet, setzt sich manchmal ans Klavier und spielt eine klassische Sonate oder Eigenimprovisationen oder tanzt spontan vor sich hin bis zur Ekstase. Die Feinmotorik und das gesamte extrapyramidale System werden dabei gefordert und stimuliert, große Mengen von Dopamin werden produziert. Nach kurzer Zeit drängt es einen wieder zurück an den Schreibtisch: die durch die Feinmotorik (Klavierspiel bzw. Tanzen) angeregte Dopamin-Ausschüttung hat auch das Großhirn erreicht und kreativ stimuliert. (Dopamin kann zwar wegen der Blut-Hirn-Schranke nicht direkt vom Blutkreislauf ins Gehirn übertreten, wohl aber in Gestalt seines chemischen Vorläufers, des L-Dopa, die streng bewachte Grenze zum Gehirn durchqueren. Im Gehirn angekommen, wandelt sich L-Dopa wieder zu Dopamin.)

Das Tanzen läßt auch die Produktion von Adrenalin und Noradrenalin erheblich steigen; die Schilddrüse setzt dabei Thyroxin in Umlauf. Dadurch werden Herz und Kreislauf angeregt; das Bewußtsein wird geschärft, man kann schneller und konzentrierter als üblich reagieren und handeln. Wer unter Depressionen leidet und sich dennoch zu einem Dauerlauf oder zu einem spontan-wilden Tanz entschließen kann, wird die stimmungshebende Wirkung von Noradrenalin (mobilisiert durch Laufen) und Dopamin (mobilisiert durch Tanzen) angenehm spüren.

Ein krasser Überschuß an Dopamin steigert unsere geistig-seelischen Fähigkeiten in irreal (alp-)traumhaftes Erleben, und scheinbar alltägliche Wahrnehmungen (z. B. die Gesichter vorbeigehender Passanten) können uns bunt gefärbt, fratzen- oder tierähnlich erscheinen. Aus Geistesblitzen werden Visionen, aus gesundem Selbstbewußtsein wird Größenwahn, und innere Dialoge wandeln sich in fremde Stimmen, die manchmal von den Betroffenen sogar akustisch (z. B. als göttliche Befehle) wahrgenommen werden. Bei hoher Dopamin-Konzentration lebt man wie im Traum, man sieht und hört vieles, was andere nicht sehen und hören, weil sie nur eine durchschnittlich normale Wahrnehmung haben. Solch übersteigertes Erleben muß nicht als pathologisch gelten. So entspringt die Kreativität der Künstler einer die übliche Alltagsrealität übersteigenden Phantasie. Auch Kinder vermischen oft Traum und Realität, haben eine ausschweifende Phantasie, die von den nüchtern-logischen Erwachsenen nicht verstanden wird.

Ein Erwachsener, der maßlos seiner Phantasie freien Lauf läßt und in seiner Traumwelt lebt, läuft meistens Gefahr, als Psychotiker oder Schizophrener eingestuft zu werden. Para-reale Fähigkeiten sind in den Augen vieler Psychiater nur Halluzinationen und Wahn. Biochemisch orientierte Psycho-Wissenschaftler glauben, daß bei Schizophrenen das Dopamin-Transmittersystem extrem überempfindlich reagiert, und plädieren für eine Behandlung mit Dopamin-blockierenden Psychopharmaka, sog. Neuroleptika. Wer eine größere Dosis von Neuroleptika nimmt und damit das körpereigene Dopamin zurückdrängt, der stumpft geistig-seelisch ab, wird unkonzentriert, leidet unter Angstzuständen und Depressionen, bewegt sich verkrampft und unkoordiniert. Die verhängnisvollen (Neben-)Wirkungen der Neuroleptika lassen also auf die grundlegend wichtigen, persönlichkeitsgestaltenden Eigenschaften des Dopamins im menschlichen Körper Rückschlüsse ziehen (siehe S. 131).

In vielen Lebensfunktionen arbeitet Dopamin – außer mit Noradrenalin – noch mit einem anderen Botenstoff eng zusammen: mit Acetylcholin. Ob wir mit Leichtigkeit lernen und Erlerntes behalten, hängt ganz wesentlich davon ab, wie viele dieser »Gedanken-tragenden« Acetylcholin-Moleküle wir in unserem Gehirn haben und wie aktiv sie sind. Wie schnell und wie differenziert wir ein Urteil abgeben, wird von Acetylcholin entscheidend mitbestimmt. Zusammen mit anderen Botenstoffen sorgt es für Wachheit und Aufmerksamkeit – Eigenschaften, die gemeinhin als sehr positiv und wünschenswert gelten. So wundert es nicht, daß eine exogene (also von außen zugeführte) Droge, die eine ähnliche Wirkung wie Acetylcholin erkennen läßt, sehr verbreitet und beliebt ist: das Nikotin. Für den Raucher bringt die Zigarette geistige Aufmunterung und Angeregtheit und verbessert, ähnlich wie das schwächere Acetylcholin, die Konzentrations- und Lernfähigkeit. Die bestehende Acetylcholin-Wirkung wird gewissermaßen durch Nikotin potenziert. Für die neurophysiologische Forschung spielt der Acetylcholin-simulierende Effekt des Nikotins eine solch wichtige experimentelle Rolle, daß man die entsprechende Acetylcholin-Rezeptor-Interaktion im vegetativen Nervensystem »nikotinartig« nennt. Eine hohe Acetylcholin-Konzentration ist zwar intellektuell anregend, wirkt aber auf allgemeine (körperliche) Aktivitäten eher hemmend (siehe S. 100).

Der Nikotinkonsum ist ein allgemein bekanntes Beispiel, wie der Mensch versucht, seine körpereigenen (endogenen) Drogen durch äußerliche (exogene) Drogen entscheidend zu beeinflussen. Schon vor vielen tausend Jahren haben unsere Vorfahren mit Hilfe exogener Drogen sowohl zu feierlich-religiösen Anlässen als auch um den Alltag erträglicher zu machen, auf ihr Gefühlsleben eingewirkt. Opium, Kokain, Cannabis, Ibogain, Alkohol sind uralte Kult- und Kulturdrogen der Menschen. Ähnlich alt ist auch das Wissen der Menschen darüber, daß sich außergewöhnliche Gefühls- und Bewußtseinszustände auch ohne Einfluß von äußerlichen Drogen durch bestimmte körperlich-psychische Aktionen erreichen lassen. Traditionell bekannte, kulturell unterschiedliche Verfahren sind beispielsweise ekstatisches Tanzen, asketisches Fasten, tranceartiges Versinken in Trommelrhythmus und Musik, Hyperventilation, Yoga, Meditation. Dadurch werden unterschiedliche körpereigene Drogen aktiviert, die den Menschen in eine andere Gefühlslage versetzen.

Auch ohne bewußte Anstrengungen wird der Mensch durch die ständig auf ihn einwirkenden Reize seiner Umgebung (durch Personen, Worte, Bilder, Ereignisse) in wechselnde Gedanken und Stimmungen versetzt. Die so entstehenden mehr oder weniger ausgeprägten emotionalen Schwankungen werden überwiegend nicht bewußt erlebt. Einige Vertreter der modernen Psychologie (z. B. die Behavioristen) meinen, der Mensch sei in seinem Verhalten (und damit in seiner Persönlichkeit) nichts anderes als ein dauerndes, differenziertes Reagieren auf äußere Reize. Diese Reize – so haben biochemische und physiologische Forschungen bewiesen – aktivieren im Menschen reizspezifische körpereigene Botenstoffe, die ihrerseits bestimmte Gedanken und Gefühle zum Tragen bringen. Der Mensch würde also – auf der Grundlage angeborener Eigenschaften – nur in Reaktion auf äußeres Geschehen Verhalten erlernen und zeigen. Diese äußeren Reize (z. B. eine duftende Speise oder ein vorbeigehender Mensch, der unsere Aufmerksamkeit auf sich zieht) regen unser gespeichertes Informationssystem, unsere Erfahrungen und Erinnerungen an und können, vereinfacht gesagt, zweierlei bewirken: Wir reagieren entweder auf sichtbare Weise (indem wir z. B. durch Düfte angeregt in ein Restaurant gehen bzw. den vorbeigehenden Menschen beobachten), oder es wird ein ausschließlich innerpsychischer (bewußter oder nicht bewußter) Vorgang ausgelöst. So könnte der vorbeigehende Mensch von uns gar nicht bewußt wahrgenommen werden und uns dennoch an einen früher für uns wichtigen Menschen erinnern und dadurch Sehnsucht, Wehmut oder alte Kränkungen aufrühren. Eine solche nicht bewußte Wahrnehmung versetzt uns plötzlich in eine melancholische Stimmung, ohne daß wir den Grund dafür wissen.

Der Mensch kann zwar frei von Gedanken sein, lebt aber immer in einer Gestimmtheit. Jede Wahrnehmung, jede Erfahrung, jeder Gedanke erfolgt in einer Gestimmtheit und wird wesentlich von dieser Stimmung geprägt. Ein und dieselbe Wahrnehmung kann bei unterschiedlicher Stimmung eine völlig andere Erfahrung bringen: Beobachten wir einen Sonnenuntergang und sind dabei freudig gelaunt, hoffnungsvoll oder unbeschwert verliebt, dann erleben wir ihn als überaus erfüllendes Naturwunder; fühlen wir uns jedoch ausweglos einsam, tieftraurig, voll Lebensangst, dann empfinden wir denselben Sonnenuntergang als bedrohlich-blutiges Symbol des befürchteten eigenen Zusammenbruchs.

Beim Menschen kann man etwa zehn »Basis-Emotionen« (Stimmungen) unterscheiden, die allesamt durch ein (jeweils anderes) Zusammenspiel mehrerer Transmitter getragen werden. An diesem Zusammenspiel sind folgende in Klammern aufgeführte Botenstoffe (Neurotransmitter und Hormone) beteiligt, wobei die jeweils zuerst genannten besonders tragend sind:

- freudig, glücklich bis euphorisch, Erotik fühlend, hilfsbereit, liebend (Dopamin, Noradrenalin, Endorphine, Acetylcholin, Oxytocin, weibliche Sexualhormone)
- ängstlich, grüblerisch, innerlich unruhig, sich-einsam-(ausweglos-)fühlend (Melatonin, Serotonin, Acetylcholin, Kinine; auch eine überhöhte Ausschüttung von Noradrenalin kann Angst erzeugen)

- kämpferisch, neidisch, zornig, aggressiv bis zerstörerisch (Adrenalin, Noradrenalin, Dopamin, Schilddrüsenhormone, STH, männliche Sexualhormone, Histamine)
- traurig, schwermütig, vergrämt, schwach, lebensmüde (Melatonin, Serotonin, GABA)
- abscheu- und ekelempfindend, haßerfüllt, sozial skeptisch bis feindlich eingestellt (erhöhtes Adrenalin, vermindertes Oxytocin)
- hoffnungsvoll, sehnsüchtig, unzufrieden-suchend (Serotonin, Endovalium, Endorphine, körpereigene Psychedelika)
- vertrauensvoll-gläubig, untergeben, dankbar, mitleidig (Endovalium, Endorphine, GABA)
- lustorientiert, triebhaft, gierig, sinnlich, soziale Nähe suchend (Oxytocin, Dopamin, Noradrenalin)
- unbeschwert, naiv-selbstbezogen, weltfremd, verträumt (Endorphine, Endovalium, Serotonin, körpereigene Psychedelika)
- aktiv-unruhig, leistungsorientiert, überaufmerksam, lernbereit, kühl-distanziert (Noradrenalin, Dopamin, Schilddrüsenhormone, STH, Acetylcholin)

Wenn hier von Botenstoffen als Träger menschlicher Verhaltensweisen die Rede ist, dann werden »durchschnittliche« Konzentrationen zugrunde gelegt. In sehr hoher oder sehr niedriger Konzentration kann ein und derselbe Botenstoff unterschiedliches Verhalten auslösen: So fördert beispielsweise das Neurohormon Oxytocin (das jahrzehntelang nur als wehenauslösender Stoff galt) in üblicher Konzentration das Sozialverhalten, wirkt aber in höherer Konzentration sexuell stark stimulierend; geht die Konzentration von Oxytocin an die Nullgrenze, dann kann es für die Umgebung gefährlich werden: nicht nur Gleichgültigkeit, sondern auch Aggression und Zerstörungswut können die Folge sein. Mit übermäßig hoher oder erheblich reduzierter Konzentration einzelner Transmitter werden zahlreiche Beschwerden und Störungen (wie Antriebslosigkeit, Schlaflosigkeit, Konzentrations- und Gedächtnisschwäche) bzw.

Krankheiten (Parkinson-Syndrom, Alzheimer Krankheit, Herzkrankheiten, Hypertonie usw.) in Verbindung gebracht.

Es ist bekannt, daß viele Insekten, z. B. Schmetterlingsweibchen, über relativ weite Entfernungen Hormon-Moleküle in die Luft aussenden. Diese »fliegenden Botenstoffe«, sogenannte Pheromone, können dann bei einem artgemäßen Männchen den Fortpflanzungstrieb stimulieren. Die behaarten Fühler beim Empfänger-Männchen sind mit Rezeptoren ausgestattet, die selbst bei stark verunreinigter Luft die Pheromone als Signalstoffe erkennen. So ist über große Distanz eine hochspezifische Kommunikation nach dem Botenstoff-Rezeptor-Prinzip möglich.

Einigen Endokrinologen zufolge kommen auch die Menschen mit Hilfe von Pheromonen, also fliegenden Molekülen, untereinander in Verbindung. Neurophysiologisch ist bekannt, daß Mann und Frau unterschiedliche, sexuell stimulierende Duftmoleküle durch die Luft verbreiten können. Diese anregenden Botenmoleküle können weite Entfernungen überwinden, bevor sie bei einem anderen Menschen mit Hilfe der Atemluft an die Riechzellen der Nase gelangen. Dort warten in der Regio olfactoria über zehn Millionen Rezeptoren, um die Botschaft entgegenzunehmen. Diese Rezeptoren stehen in direkter Verbindung mit dem Limbischen System; dadurch erklärt sich, daß Geruchswahrnehmungen ausgeprägte emotionale Wirkungen haben, Lust- und Unlustgefühle, Ekel oder sexuelles Verlangen wekken. Die durch die Luft wirbelnden Pheromone anderer Menschen können uns, auch ohne daß wir uns dessen bewußt sind, in fremdgesteuerte Stimmungen und Verhaltensweisen versetzen.

Natürlich beeinflussen nicht nur Pheromone, sondern auch verschiedene andere Luftpartikelchen, Pollen, Staubteilchen, Duftmoleküle das komplexe Spiel der menschlichen Botenstoffe. In zunehmendem Maße bringen auch Umweltgifte auf molekularer Ebene unser Transmittersystem in Unordnung; die Folgen sind hochgradige psychische und psychosomatische Beschwerden wie Depressionen, Angst- oder Aggressionszustände, Konzentrations- und Gedächtnisstörungen, Persönlichkeitsveränderungen und Verhaltensstörungen. Eine Richtung der modernen Medizin, die klinische Ökologie (teilweise auch die sogenannte Orthomolekulare Medizin), befaßt sich mit der Aufdeckung von krankmachenden Umweltmolekülen. Eine faszinierende Perspektive: Beschwerden und Krankheiten sind nicht durch Zuführung bestimmter Stoffe (Medikamente), sondern durch gezieltes Meiden bestimmter Umweltstoffe zu heilen. Das körpereigene Transmittersystem würde dann eine neue Harmonie finden.

Verfolgt man die Geschichte der Neurohormone und Transmitter, so begreift man, daß der vage Begriff »Psyche« Schritt für Schritt auf molekularer Ebene eine Basis findet. Jedes menschliche Verhalten, jede Psychodynamik hat ein molekulares Muster als Äquivalent. Dieses Wissen bedeutet für die westlichen Naturwissenschaften eine aufsehenerregende Neuerung. Bis in die jüngste Vergangenheit waren Erkenntnisse über die biochemischen Grundlagen der Psyche nur ansatzweise möglich, beispielsweise auf dem Gebiet der Neurophysiologie und der klassischen Endokrinologie (die die tragende Rolle der Catecholamine, der Schilddrüsen- und Hypophysen-Hormone erfaßt hat). Die biochemische Basis für die Psyche scheint durch die Forschung, die laufend neue Transmitter- und Second-messenger-Systeme erschließt, immer dichter und wissenschaftlich haltbarer zu werden. Und dennoch: Das Dasein der Psyche als der Inbegriff des Lebensprinzips läßt sich mit biochemischen oder anderen naturwissenschaftlichen Methoden nicht beweisen. Ebensowenig lassen sich geistig-psychische Störungen und Krankheiten nicht nur damit erklären, daß ein Zuviel oder Zuwenig an Transmittersubstanzen vorliegt. Dieser Baustein, um den man weiß, ist nur ein Teil unter vielen bisher unbekannten Bausteinen, die das unfaßbare Gebilde »Psyche« umfassen. Man kann nur folgern, daß Verhalten, Handeln, Denken, Fühlen und Intuition von einer individuellen Grundlage, von einem Bezugssystem (auch biochemisch gesehen) ausgehen, das jedem

Botenstoffe als Träger menschlicher Eigenschaften

Botenstoffe \ menschliche Eigenschaften	allgemein aktiviert oder lebhaft bis aggressiv	ruhig, sanft, introvertiert, auch schläfrig	angstfrei	schmerzfrei	stimmungsaufhellend (antidepressiv) oder glücklich bis euphorisch
Adrenalin und Noradrenalin	++				+
Endorphine		+	+	++	++
Endovalium (körpereigenes Valium)		++	++	+	++
Dopamin	+		(+)		+
Acetylcholin		(+)			
»körpereigene Psychedelika«	+				+
Melatonin		++	(+)	(+)	
Serotonin	(+)	++	+	+	(+)
Schilddrüsenhormone	++				+
Cortisol		(+)		(+)	+
männl. Sexualhormone	+				(+)
weibl. Sexualhormone	(+)				+
STH (Wachstumshormon)	(+)				(+)
Oxytocin	+				+
Thymusdrüsenhormone					

+ Wirkung vorhanden
++ starke Wirkung vorhanden
(+) geringe Wirkung

intellektuell leistungsfähig, konzentriert	fähig zu harmonischen Bewegungen	phantasievoll, kreativ oder übersinnlich kosmisches Erfahren	Energie ↑ speichern ↓ verbrauchen	Sexualität ↑ stimuliert ↓ gedämpft	Körper- gewicht ↑ Zunahme ↓ Abnahme	Körperliche Abwehrkräfte ↑ stimuliert ↓ gedämpft
+	+	+	↓	↑	↓	
		+		↑		
					↑	
+	++	++	↓	↑	↓	↑
++	++					(↑)
(+)		++	↓	(↑)	↓	
			(↑)	↓	↑	
+		(+)	(↑)	↓	↑	(↑)
+	+		↓	↑	↓	
(+)			↓	(↓)	(↑)	↓
(+)			(↓)	↑	(↑)	
(+)			(↑)	↑		
(+)			↑		↓	↑
				↑		
			(↑)		(↑)	↑

Menschen eigen ist und das man Seele, Psyche oder auch menschlichen Geist, Gemüt, Herz, innere Verfassung, Innenleben, Innenwelt nennen kann. Philosophen, religiöse Lehrer und Psychologen haben extrem unterschiedliche theoretische Systeme über das menschliche Sein und die Psyche entworfen. Eine sichtbare Brücke zwischen Psyche und molekularen Botenstoffen zu schaffen, ist ein Modell der menschlichen Existenz; es ist – aus westlich-naturwissenschaftlicher Sicht – ein fundiert belegtes Modell, aber eben nur ein Modell unter vielen möglichen Modellen. Brauchbar ist dieses biochemische Modell, um die Dynamik unserer Psyche besser zu verstehen und um spezifische Botenstoffe und damit bestimmte Bereiche unserer Psyche zu aktivieren, d. h. willentlich Änderungen der eigenen Innenwelt zu bewirken.

Die »Drogenapotheke« im Menschen

Schon Mitte dieses Jahrhunderts glaubte man, das System der körpereigenen Botenstoffe zu kennen: zahlreiche Hormone (z. B. Adrenalin, Insulin, Cortisol) waren als Informationsträger identifiziert, und an den Nervenendigungen analysierte man Neurotransmitter (z. B. Acetylcholin) als Botenstoffe. Dann entdeckte man immer mehr neue Hormone oder hormonähnliche Substanzen im menschlichen Körper, sowohl zentral wichtige als auch untergeordnete Botenstoffe wie beispielsweise die Neurophysine, die die Hauptbotenstoffe unterstützen. Schließlich erkannte man, daß auch so gängige Stoffe wie Calcium-Ionen (Ca^{++}) oder einfache Aminosäuren (wie Glutaminsäure) als Botenstoffe fungieren.

Hinzu kommt eine ganze Schar von Botenmolekülen, die in den Zellen verschiedener Organe gebildet werden: sog. Gewebshormone oder Organ-Botenstoffe, die am Ort ihres Entstehens die spezifischen Funktionen des jeweiligen Organs steuern. So sorgen die Organ-Botenstoffe Sekretin und Gastrin für ausreichende Verdauung unserer Nahrung, indem sie die Ausschüttung passender Fermente befehlen. Sie organisieren auch den Weitertransport des Speisebreis vom Magen in den Dünndarm und regen Leber, Galle und Pankreas an, für Verdauung und Resorption zu sorgen. Die körpereigenen Drogen bewirken, daß aus den verspeisten Nahrungsmitteln die Grundbausteine für unsere Aufbaustoffe (z. B. Aminosäuren) und genügend Energiepartikelchen (z. B. Glukose) gewonnen werden; sie arbeiten teamgerecht mit anderen Organ-Botenstoffen zusammen, mit Pancreozymin, Cholecystokinin, Enterokinin, Villikinin, Somatostatin, Histamin.

Einige der genannten Botenstoffe gehören zur großen Familie der Kinine; unter den zahllosen, unterschiedlich wirkenden Kinin-Molekülen sind solche, die ihre Weisungen gleich an mehrere Organe erteilen, die Herz und Kreislauf mitdirigieren oder die Spermien zu befruchtungseifrigen Aktivitäten anstacheln. Gegen Ende der Schwangerschaft leisten sie auch am Uterus ihren Beitrag und regen zu Geburtswehen an. Darüber hinaus treiben sie den Blutzucker in die Höhe, beschleunigen die Wundheilung und die Synthese der DNS, des Trägers aller Erbmerkmale. Die Kinine erkennen Verletzungen und Fehlfunktionen von Organen in jeder Körperregion und wandeln sie in stechende Schmerzreize um. Schon wenige Milliardstel Gramm eines Kinins reichen aus, um extreme Schmerzen aufflammen zu lassen.

Außer den Kininen vermitteln und koordinieren noch einige hundert weitere Organ-Botenstoffe in jedem Augenblick die millionenfach stattfindenden Funktionen und Reaktionen in unserem Körper, veranlassen Hohlorgane (wie die Harnblase) zu Kontraktionen, geben den Auftrag für die Ausschüttung von Sekreten, beaufsichtigen die Stoffwechselvorgänge, registrieren mit buchhalterischer Akribie alle Vorgänge und bauen auf diese Weise ein »Organ-Gedächtnis« auf. Selten beschränkt sich das Betätigungsfeld der Organ-Botenstoffe nur auf das Organ, in dem sie ihren Hauptsitz haben (in der Biochemie spricht man dann von Parakrinie). Sie suchen auch weiter entfernte Organe auf, kollaborieren und konkurrieren mit anderen Körperhormonen und Hirn-Transmittermolekülen. Zu den Organ-Botenstoffen zählen in erster Linie die Kinine, Prostaglandine und Prostacycline (die beiden erstgenannten stehen im Mittelpunkt zahlreicher Forschungsarbeiten), aber auch Histamine werden oft zu dieser Gruppe gerechnet.

Die Funktionen körpereigener Drogen lassen sich besser verstehen, wenn man – paradoxerweise – von den Wirkungen der künstlich hergestellten Drogen ausgeht. Die moderne Biochemie hat gezeigt, daß im Körper des Menschen ein unvorstellbar vielfältiges und ideenreiches Laboratorium wirkt, in dem pharmaka- und drogenanaloge Substanzen (endogene Drogen) selbständig hergestellt werden. Je ähnlicher eine künstliche Droge der körpereigenen Droge ist, desto stärker sind ihre Effekte. Eine solche künstliche Droge ahmt die Wirkungen der körpereigenen Drogen nach (wie das Beispiel der Endorphine zeigt) oder blockiert körpereigene Botenstoffe (Neuroleptika hemmen z. B. das körpereigene Dopamin).

Wenn eine künstliche Droge in äußerst kleiner Menge voll wirksam ist, dann kann man davon ausgehen, daß sie an spezifischen, körpereigenen Bindungsstellen, den Rezeptoren, ankoppelt und so die volle Effektivität entfaltet. Von der Existenz körpereigener Rezeptoren läßt sich dann auf endogene Liganden (also auf körpereigene Drogen) schließen. Die Forscher, die sich auf körpereigene Botenstoffe spezialisierten, entdeckten oft zunächst nur Rezeptoren im menschlichen Körper (z. B. Opium- oder Opiatrezeptoren), die genau zu ihren künstlichen Drogen paßten (also z. B. zu Opiaten, den künstlich synthetisierten opiumähnlichen Substanzen); erst dann suchten einige dieser Forscher nach der körpereigenen Entsprechung der künstlichen Drogen.

Jede geistige oder körperliche Funktion läßt sich als Zusammenspiel unterschiedlicher Botenmoleküle definieren. Diese Botenmoleküle sind, evolutionsgeschichtlich betrachtet, keine Besonderheit des Menschen oder der Säugetiere. So findet sich das gedächtnisverarbeitende Acetylcholin-Molekül auch bei Eidechsen, Vögeln und Insekten, wobei der chemische Aufbau und Abbau dieses Moleküls in ähnlicher Weise vor sich geht wie beim Menschen. Bei allen Lebewesen sind sämtliche geistigen und emotionalen Funktionen (z. B. Lernen, sexuelle Lust) und sämtliche körperlichen Funktionen (z. B. Blutdruck, Verdauung) an ein materielles Äquivalent, an die Botenmoleküle gebunden. Die unüberschaubare Vielzahl von geistigen, emotionalen und körperlichen Funktionen erfordert eine ähnliche Vielzahl unterschiedlicher Botenmoleküle. Die Suche nach immer weiteren Botenstoffen bringt ständig neue Überraschungen. So entdeckte man unlängst, daß der Mensch über körpereigene, valiumähnliche Stoffe verfügt, die angstlösend und beruhigend sind, und daß unser Organismus eine dem Strophantin ähnliche Substanz produziert, eine Herz-Droge, die bisher nur als Pharmakon bekannt war und die dem geschwächten Pumpmuskel zu gesteigerter Kontraktionskraft verhilft.

Genannt werden im folgenden die derzeit wichtigsten körpereigenen Drogen; fast alle können auch künstlich – als Medikamente oder als Experimentiersubstanz – synthetisiert werden.

Auf nahezu alle Medikamente und künstliche Drogen können wir verzichten, wenn wir wieder lernen, den Reichtum unserer »inneren Apotheke« zu erkennen und ihn für unsere Gesundheit, für Wohlergehen, Lust und für die Erweiterung unserer Wahrnehmung und Erkenntnis zu verwerten.

Acetylcholin	Botenstoff für Lernen, Denken, Gedächtnis. Transmitter im vegetativen Nervensystem.
ACTH	Stimuliert die Nebennierenrinde zur Hormonausschüttung, eventuell förderlich für die Intelligenz.
ADH	Antidiuretisches Hormon (Vasopressin), bremst die Nieren und erhöht den Blutdruck. Ohne ADH müßten wir 40 Liter Flüssigkeit pro Tag trinken.

Adrenalin	Psychisch und körperlich stark aktivierender Botenstoff. Streßhormon.
Aldosteron	Reguliert Mineralstoffe im Körper, den Wasserhaushalt und den Blutdruck.
Androgene	Männliche Sexualhormone, siehe Testosteron.
Angiotensin	Ein blutdrucksteigerndes Gewebshormon.
Beta-Endorphine	Siehe Endorphine.
Calcitonin	Steuert den Calcium- und Phosphat-Stoffwechsel.
Choriongonadotropin	Sorgt für den Uterus während der Schwangerschaft.
Cortisol (Cortison)	Stark entzündungshemmender Botenstoff, der entgiftend wirkt, sogar cytostatisch. Fungiert auch als Streßhormon.
Dopamin	Führt zu Phantasie und Kreativität, verwischt die Grenzen zwischen Genie und Wahnsinn; ermöglicht überdies harmonisch-grazile Bewegungen.
Endorphine	Dies sind die körpereigenen Morphium-Moleküle, sie stillen Schmerz, heben die Stimmung und tragen zu Glücksgefühl bei.
Endovalium	Das körpereigene Valium, das sedierend, entspannend, angstlösend wirkt; arbeitet mit GABA eng zusammen.
Enkephaline	Siehe Endorphine.
FSH	Follikel stimulierendes Hormon; ein Gonadotropin, sowohl bei der Frau als auch beim Mann.
GABA	Gammaaminobuttersäure(-acid) be-

einflußt hemmend etwa 40 Prozent aller Synapsen im Gehirn und Rückenmark; sie ist – quantitativ gesehen – der Hauptbotenstoff im Gehirn und bringt Beruhigung; enges Zusammenwirken mit Endovalium.

Gamma-Endorphine	Siehe Endorphine.
Gestagene	Siehe Sexualhormone.
Glukagon	Als Haupt-Gegenspieler zu Insulin erhöht es den Blutzucker.
Glucocorticoide	Auch Corticosteroide genannt; mehrere Dutzend gibt es davon im Körper; siehe Cortisol.
Glutaminsäure	Chemisch eine Aminosäure; ein deutlich anregender Neurotransmitter im Gehirn, unter anderem in der Großhirnrinde, im Kleinhirn und in der Nervenbahn, die unser Sehen weiterleitet.
Glycin	Chemisch eine Aminosäure, als Botenstoff ähnlich wie GABA weit verbreitet, mit überwiegend hemmender Wirkung auf die Synapsen.
Gonadotropine	Sie kommen aus der Adenohypophyse und stimulieren Sexualhormone und Sexualorgane.
Histamin	Ein Botenstoff, der an der Haut allergische Reaktionen entstehen läßt, der die Magensäure reguliert und im Gehirn unser emotionales Verhalten (mal anregend, mal dämpfend) beeinflußt.
Insulin	Fördert die Glukose-Verwertung im Organismus und senkt dadurch die Blutzucker-Konzentration.

Kallidin	Ein Organ-Botenstoff, der – unter anderem – sanft den Blutdruck senkt.
Kallikrein	Koordiniert die Aktivitäten vieler Organ-Botenstoffe.
Kinine	Gruppe von Botenstoffen, die Spermien und Uterus stimulieren, Verletzungen in Schmerz verwandeln.
Kortison	Siehe Cortisol.
LH	Luteinisierendes Hormon, ein Gonadotropin (s. dort).
LHRH	Ein Gonadotropin-Releasing-Hormon, regt die Freisetzung von Gonadotropin an.
Melanin	Ein Pigment-Molekül, das in Melanocyten gebildet wird und das die Farbe der Haut, der Augen und Haare prägt.
Melatonin	Macht ruhig und müde, bereitet bei Tieren den Winterschlaf und bei Menschen die Winterdepression. Prägt unseren Biorhythmus.
Mineralocorticoide	Hormone der Nebennierenrinde, das bekannteste ist Aldosteron.
MSH	Melanocytenstimulierendes Hormon, ein Pigment-Hormon, das mit Hilfe der Sonnenenergie antidepressiv wirksam ist.
Noradrenalin	Allgemein aktivierend, stimmungshebend und antidepressiv. Streßhormon. Wirkt im Gehirn als Neurohormon, im übrigen Körper als Hormon und im vegetativen Nervensystem als Transmitter. Trotz seines enormen Einflusses ist es nur an 0,5 Prozent aller Hirnsynapsen nachweisbar.
Östradiol	Siehe Östrogen.

Östrogen	Weibliches Hormon, das nicht nur die Frau, sondern auch jeder Mann produziert. Unterstützt viele Körperfunktionen, ist stimmungsaufhellend, prägt das spezifisch weibliche Aussehen.
Oxytocin	Löst Geburtswehen aus, ist aber auch ein sexuell überaus anregendes Hormon.
Pancreozymin	Organ-Botenstoff, reguliert Verdauungsvorgänge.
Parathormon	Hormon der Nebenschilddrüse, Gegen- und Mitspieler des Calcitonins.
Progesteron	Siehe Sexualhormone.
Prolactin	Ein Gonadotropin, das die weibliche Brustdrüse zur Milchbildung stimuliert, aber sowohl bei der Frau als auch beim Mann sexuell anregend ist.
Psychedelika, endogene	LSD-ähnliche körpereigene Moleküle, erweitern unsere Wahrnehmung, bringen uns Visionen und Erleuchtung. Enge Verbindung zu den Endorphinen, zu Serotonin und zu Dopamin; sie lassen Tag- und Nachtträume entstehen. Für das LSD-ähnliche PCP sind im menschlichen Gehirn Rezeptoren nachgewiesen.
Schilddrüsenhormone	Stark anregende, dynamisierende und Energie verbrauchende Hormone mit Wirkung auf den gesamten Körper.
Secretin	Ein Organ-Botenstoff, der Magen und Darm zu Verdauungstätigkeit anregt.
Serotonin	Ein Neurotransmitter, der für innere Ausgeglichenheit und Ruhe sorgt. Obwohl insgesamt nur an 0,5 Prozent

	der Synapsen vertreten, wirkt es an vielen entscheidenden Stellen im Gehirn. Überdies ist es schlafregulierend.
Sexualhormone	Östrogen, Gestagen und Progesteron sind die bekanntesten weiblichen Hormone, Testosteron ist das typisch männliche Hormon. Bei Frau und Mann kommen – in unterschiedlichen Anteilen – alle drei erstgenannten vor.
STH	**Somatotropes Hormon** (Wachstumshormon), bestimmt unsere Körpergröße; auch im Erwachsenenalter ist es aufbauend aktiv. Neuerdings als »Verjüngungsmittel« versucht.
Substanz P	Im Gehirn weit verbreiteter Botenstoff, unter anderem leitet er Schmerzempfindungen von der Haut ins Gehirn. Gegenspieler zu den Endorphinen.
Testosteron	Typisch männliches Hormon, sorgt für kräftigen Körperbau, ist sexuell erregend; in hoher Konzentration fördert es die Aggressivität.
Thyroxin	Siehe Schilddrüsen-Hormone.
Trijodthyromin	Siehe Schilddrüsen-Hormone.
Thymushormone	Thymus galt im griechischen Altertum als Sitz des Gemüts. Von der Thymusdrüse aus werden Thymus-Lymphozyten und (teilweise daran gekoppelt) Peptid-Hormone in Umlauf gebracht, die die körpereigene Abwehr gegen Krankheiten stärken (Immunabwehr).
Vasopressin	Siehe ADH.

Zirbeldrüsenhormone   Auch beim Menschen dringen Lichtquanten durch Haut und Schädelknochen zur Zirbeldrüse (Corpus pineale), zudem empfängt sie direkte Reizungen vom Opticusnerv (Sehnerv). Das wichtigste Hormon der Zirbeldrüse ist wohl das Melatonin, doch auch Noradrenalin ist vertreten. Die Zirbeldrüsen-Hormone beeinflussen Stimmung und Antrieb und bringen unseren Biorhythmus in Gleichklang zur Umwelt und zu den Gestirnen (Sonne, Mond).

Die schmerzstillende Wirkung der Endorphine

Mehr als 6000 Jahre läßt sich die Geschichte der wohl bedeutendsten Heilpflanze zurückverfolgen: Aus den unreifen Kapseln der Mohnblume gewinnt man den Saft, der unter dem Namen Opium weltweit bekannt ist. Nicht nur als Arznei, sondern auch als Rauschdroge machte Opium Geschichte. Und die moderne Wissenschaft hat in den vergangenen Jahren Sensationelles ans Licht gebracht: jeder Mensch ist in der Lage, eigene opium- bzw. morphiumähnliche Stoffe zu erzeugen. Dabei zeigen das körpereigene Opium und das Opium der Mohnpflanze erstaunlich ähnliche Wirkungen. Das pflanzliche Opium ist die wahrscheinlich am besten erforschte Phyto-Arznei, und viele dieser Erkenntnisse lassen sich auf die körpereigene Drogen-Produktion übertragen.

Jahrtausendelang war Opium das »Wundermedikament« im Arzneischrank der Heilkundigen. Einer der angesehensten Ärzte im 17. Jahrhundert, der Brite Thomas S. Sydenham, schrieb: »Ich kann nicht umhin, Gott für seine Güte zu danken, daß er der leidgeplagten Menschheit zur Linderung Opiate gegeben hat; kein anderes Mittel vermag mit einer gleichermaßen durchschlagenden Wirkung eine große Anzahl von Krankheiten erfolgreich zu behandeln oder sogar auszumerzen.« Seit jener Zeit ist es trotz intensivster Forschungen keinem Wissenschaftler gelungen, ein wirksameres und besser verträgliches Schmerzmittel zu entdecken; wegen seiner Ähnlichkeit mit den körpereigenen, schmerzstillenden Substanzen ist Opium offensichtlich als Arznei unübertrefflich.

Auch die beruhigenden, schlaffördernden Eigenschaften des Opiums sind seit alters her bekannt. Der römische Heilkundige A. C. Celsus benennt in seinem Medizinbuch die Droge Opium sowohl als Schlafarznei als auch als Schmerzmittel. Und Hypnos, der griechische Gott des Schlafs, Sohn der Nacht, wird als Jüngling mit Flügeln an der Stirn dargestellt, in Händen eine Mohnblume; auch Morpheus, der Gott der Träume, und Thanatos, der Todesgott, haben als eines ihrer Symbole die Mohnkapsel.

Die durch Opium bedingten psychischen Veränderungen, vor allem die melancholielösende, stimmungshebende bis euphorisierende Wirkung wurde von den Sumerern schon vor 6000 Jahren nicht nur für rituelle und religiöse Zeremonien genutzt, sondern wohl auch, um dem Alltag zu entrücken. Und im 8. Jahrhundert v. Chr. beschrieb Homer im Vierten Gesang der *Odyssee* die seelischen Wandlungen, die der Mohnsaft hervorruft:

»Helena aber, die Tochter des Zeus, besann sich auf andres:
Gab in den Wein, den sie tranken, sogleich ein bezauberndes Mittel,
Gut gegen Trauer und galliges Wesen: Für sämtliche Übel
Schuf es Vergessen. War es im Mischkrug: wer es dann schlürfte,
Diesem läuft an dem Tag keine Träne die Wange herunter,
Selbst wenn ihm Vater und Mutter beide verstürben, ja selbst wenn
Grade vor ihm seinen Sohn, den geliebten, oder den Bruder
Feinde mit Schwertern erschlügen, so daß er vor Augen es sähe.
Nun verfügte die Tochter des Zeus über Mittel von solcher

Tüchtigen Wirkung. Die Lagergenossin des Thon, Polydámna, Brachte sie ihr in Ägypten, wo wahllos die spendenden Fluren Gute und grausige Gifte in Massen erzeugen. Und dort ist Jeder ein Arzt und jeder gescheiter als alle die Menschen.«

Da der Mensch aus vielfacher, unbewußter Erfahrung die angenehme Wirkung der im Körper produzierten opiumähnlichen Stoffe kennt, ist er versucht, diesen leicht berauschenden, schwebenden Zustand durch äußerliche Drogen zu intensivieren oder beliebig oft herbeizuführen. Dabei entsteht gleichzeitig neben einer heiteren, lustbetonten Stimmung eine – vor allem in höherer Dosierung – wohltuende Mattigkeit, die sich am ehesten mit »Matt, aber glücklich« umschreiben läßt. Auch der wichtigste Einzelbestandteil des Opiums, das Morphium, und die von der Pharmaindustrie synthetisch hergestellten opiumähnlichen Substanzen, die sogenannten Opiate (zum Beispiel Heroin), entfalten eine vergleichbare Wirkung.

Die Analgesie (die Schmerzdämpfung bei erhaltenem Bewußtsein) und die Befreiung von Angstzuständen führen bei Opium- oder Morphiumkonsumenten zu einer glücklichen Gelassenheit, selbst in schlimmen Situationen; nach einer oder mehreren Morphin-Injektionen kann man in lebensbedrohlichen Gefahren scheinbar unbeeindruckt, wenn auch verlangsamt, agieren. Auf den Schlachtfeldern des Amerikanischen Bürgerkriegs Mitte des vorigen Jahrhunderts, im Deutsch-Französischen Krieg von 1870/71 und im Ersten Weltkrieg standen unzählige Soldaten unter Morphineinfluß. Großzügig erhielten die Soldaten von den Armeeärzten das Morphium zur Selbstinjektion gegen die Wundschmerzen, um möglichst schnell wieder »kampffähig« zu sein. Nach den Kriegen waren viele der überlebenden Soldaten morphinabhängig, etwas beschönigend wurde dies »Armee- oder Soldatenkrankheit« genannt. Opium war sogar der Anlaß zu mehreren groß angelegten Kriegen, die England Mitte des vorigen Jahrhunderts gegen China entfachte und die als Opiumkriege in die Geschichte eingegangen sind.

Opium, der getrocknete, dunkelbraune Saft der Fruchtkapsel

des Schlafmohns, ist ein Gemisch hochpotenter Drogen, wobei Kodein und Morphium die bekanntesten Bestandteile sind. Morphium (auch Morphin genannt) hat etwa die gleichen Wirkungen wie die Ursubstanz Opium; es wurde um 1800 erstmalig als Reinsubstanz aus dem Opium extrahiert und hat, wie sich erst 175 Jahre später herausstellte, in der biochemischen Wirkung verblüffende Ähnlichkeit mit dem Morphin, das im menschlichen Gehirn hergestellt wird. Bis in die jüngste Gegenwart ahnte man nicht, daß der Mensch über eine körpereigene Drogenproduktion verfügt und Dutzende opium- und morphiumähnliche, euphorisierende und analgetische Drogen in Umlauf bringt.

Die Wirkungen von
a) körperfremden Opiaten (Morphium, Heroin usw.) und Opium und
b) körpereigenen Endorphinen (Enkephalinen, Dynorphin, Beta-Endorphin usw.) sind weitgehend identisch:
- schmerzhemmend
- beruhigend, angstlösend
- wohlig-glückliche Stimmung bis zu rauschartiger Ekstase
- antidepressiv
- Steigerung von Sehen und Riechen
- Verlangsamung der Atmung. Dämpfung des Hustens. Verengung der Pupillen. Beruhigung des Darms. Senkung des Blutdrucks. Vermehrtes Schwitzen. Erhöhte Körpertemperatur.
- gesteigertes Trink- und Eßbedürfnis
- erhöhte Histaminausschüttung
- wahrnehmungserweiternde Effekte. Gewisse psychedelische Wirkungen
- Schlafförderung.

Das exogene Morphium aus der Mohnpflanze diente den Wissenschaftlern im vorigen Jahrhundert als Anregung, weitere morphinähnliche Substanzen zu synthetisieren. Das bekannteste dieser Kunstprodukte war und ist Heroin, ein Morphinderivat, das heißt ein nur leicht umgewandeltes Morphin-Molekül mit der chemischen Bezeichnung Diacetyl-Morphin. Mehr als 25 Jahre war heroinhaltiger Hustensaft, vertrieben von dem Pharmakonzern Bayer, auf dem Markt, bis allmählich sein Suchtpotential offensichtlich wurde. In Tropfen- oder Pillenform ermöglicht Heroin offenbar nur relativ selten und nicht sehr ausgeprägt einen glücklichmachenden Rauschzustand; viel eindrucksvoller ist die intravenöse Injektion, da hierbei Heroin die Blut-Hirn-Schranke sehr rasch durchquert.

Von Opium oder Morphium, von Heroin oder anderen Opiaten reichen wenige Tausendstel Gramm, um einen Menschen schmerzfrei oder wohlgelaunt zu machen. Diesen bei niedrigster Dosierung beeindruckenden Effekt erklärten sich einige Wissenschaftler schon in den fünfziger Jahren damit, daß Opium und Morphin nicht diffus am gesamten Nervensystem oder auf alle Körperzellen wirken, sondern daß sie ihre Befehle an einige wenige hochspezifische Empfangsschalter (Rezeptoren) erteilen würden. Diese spezifischen Rezeptoren würden – so mutmaßte man – an der Nervenzelloberfläche liegen und ausschließlich für Opium und Morphin zugänglich sein. Für diese Hypothese sprach auch noch folgender Befund: Wenn zuviel Morphium zugeführt wird, kommt es zu einer gefährlichen Hemmung des Atemzentrums im Gehirn, ja sogar zu Atemstillstand. Diese lebensgefährliche Wirkung kann jedoch schnell behoben werden, wenn ein sogenannter Morphin-Antagonist (zum Beispiel Naloxon) zugeführt wird. Morphin-Antagonisten sind Stoffe, die dem Morphin-Molekül chemisch sehr ähnlich sind, aber keine Morphin-Wirkung entfalten. Werden solche Morphin-Antagonisten zusammen mit Morphium gegeben, dann heben sie die Morphium-Wirkung auf. Auch diese morphin-antagonistische Wirkung ließ sich am ehesten damit erklären, daß die morphinähnlichen Antagonisten an den Synapsen, an denen Morphin seine Befehle erteilt, bestimmte Strukturen (vor allem die Rezeptoren) hartnäckig blockieren und dadurch ankommende Morphin-Moleküle fernhalten.

Die vermuteten Opiat- bzw. Morphin-Rezeptoren erregten vor allem die Aufmerksamkeit der pharmakologischen Forschung, da man sich von diesen Erkenntnissen Anstöße zu der Entwicklung neuer Medikamente versprach. Im Jahre 1973 entdeckten gleich vier verschiedene Labors in unterschiedlichen Ländern die so lange gesuchten Opium- bzw. Morphin-Rezeptoren (z. B. S. H. Snyder, Lars Terenius und andere). Mit Hilfe radioaktiv markierter morphinähnlicher Stoffe gelang es, Opiat- bzw. Morphin-Rezeptoren im Gehirn und im Rückenmark nachzuweisen. Aber auch in den Nervengeflechten zahlreicher anderer Organe fanden sich Opiat-/Morphin-Rezeptoren, zum Beispiel in der Lunge, an der Harnblase, am Darm. Seit alters her gilt tinctura opii (Opiumtropfen) als Mittel gegen den Durchfall; durch den Nachweis von Opiat-Rezeptoren am Darm hatte man endlich eine wissenschaftliche Erklärung für die darmberuhigende Wirkung des Opiums.

Die Entdeckung von Opiat-Rezeptoren im menschlichen Körper war zweifellos sensationell, doch erhob sich die abwegig klingende Frage: Wird der Mensch mit Rezeptoren geboren, die eigens für den Saft der Mohnpflanze geschaffen sind? Manche Wissenschaftler wollten ein derartiges symbiotisches Zusammenwirken von Mensch und Mohnpflanze nicht ausschließen, doch wahrscheinlicher schienen Theorien, die von der Existenz körpereigener Morphine ausgingen. Im übrigen sind tatsächlich Rezeptoren bekannt, die offenbar nur für körperfremde, mit der Nahrung zugeführte Stoffe geschaffen sind (siehe S. 121).

Im Jahre 1975 isolierten die schottischen Forscher Hughes und Kosterlitz zum ersten Mal zwei körpereigene Substanzen, die die Eigenschaften des Opiums hatten. Zur großen Überraschung zeigten diese opiat- bzw. morphinähnlichen körpereigenen Drogen einen denkbar schlichten chemischen Aufbau: Nur 5 Aminosäure-Moleküle, also die kleinsten Protein-Bausteine, sind kettenförmig zu sogenannten Penta-Peptiden verbunden. (Peptide bestehen aus perlenkettenartig aneinandergereihten Aminosäure-Molekülen; Proteine, also Eiweißkörper, sind lediglich besonders lange, manchmal verknäuelte Peptide). Diese

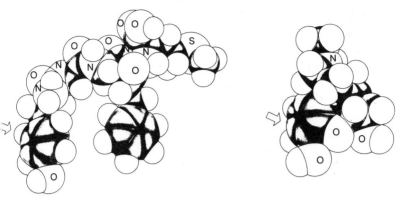

Die molekulare Struktur eines körpereigenen Endorphins (Methionin-Enkephalin) und des Morphins aus der Mohnpflanze. Die Pfeile weisen auf strukturell-chemische Ähnlichkeiten hin.
Die einzelnen Atome der beiden Moleküle sind räumlich dargestellt: Sauerstoff: O, Stickstoff: N, Schwefel: S, Kohlenstoff: alle »grauen Atome«, Wasserstoff: alle »weißen Atome« ohne Buchstaben (nach S. H. Synder).

beiden zuerst entdeckten körpereigenen Morphine sind in vier der fünf (Aminosäure-)Glieder identisch, wobei Glycin, die einfachste aller Aminosäuren, gleich zweimal vorkommt. Nur im Endglied haben die beiden körpereigenen Morphin-Peptide unterschiedliche Aminosäuren: Methionin und Leucin. Und entsprechend verliehen die schottischen Wissenschaftler ihren Neuentdeckungen die kompliziert klingenden Namen Methionin-Enkephalin und Leucin-Enkephalin, wobei der Ausdruck Enkephalin auf den altgriechischen Begriff für »Gehirn« zurückgeht.

In den folgenden Monaten und Jahren gelang es auch anderen Wissenschaftlern, diese und weitere morphinähnliche Substanzen chemisch darzustellen (Snyder, Nakanishi und andere). Diese körpereigenen Morphine werden, einer Übereinkunft entsprechend, Endorphine genannt, ein Kunstname, der sich aus *end*ogenen, *morphin*ähnlichen Substanzen ableitet. Die Bezeichnungen Enkephaline, Endorphine oder Endomorphine werden als gleichwertige Synonima benutzt für alle Substanzen, die an Opiat- bzw. Morphin-Rezeptoren ankoppeln und analge-

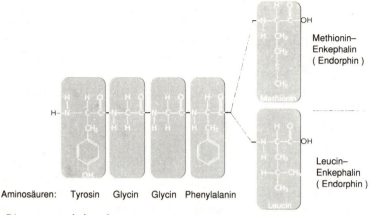

Die zuerst entdeckten körpereigenen Morphine in ihrem chemischen Aufbau und ihrer Struktur

tische, sedierende (beruhigende), angstlösende und euphorisierende Wirkungen entfalten.

Es gibt mindestens zehn – wahrscheinlich sehr viel mehr – Typen von Opiat-Rezeptoren. Die Opiat-Rezeptoren sind über das gesamte Nervensystem verstreut, besonders konzentriert jedoch im Rückenmark, im Stammhirn und Thalamus, wo ein schmerzstillender Effekt auf die Schmerzbahnen ausgeübt wird. Auffällig viele Opiat-Rezeptoren sind auch im Limbischen System, das unser emotionales Verhalten kontrolliert und Verbindung hält zur Großhirnrinde, zur Hirnanhangsdrüse (Hypophyse) und anderen Hirnregionen. Die Opiat-Rezeptoren im Locus caeruleus (siehe S. 110) sind offenbar für den vergnüglicheren Teil des Endorphin-Systems zuständig, lassen Glücksgefühl und Euphorie entstehen.

Wie kompliziert die einzelnen Rezeptoren funktionieren, wenn ein körpereigenes Morphin eine Botschaft übermittelt, zeigt unter anderem die Tatsache, daß das überall im Körper vorkommende Natrium in ionisierter (positiv geladener) Form den Nachrichtenempfang erheblich modifizieren kann. Das Leichtmetall Natrium (das in der Verbindung Natriumchlorid,

Kochsalz, jedem bekannt ist) kann sogar einen Rezeptor dazu bringen, nicht den zugehörigen Endorphin-Botenstoff zu empfangen, sondern einem blockierenden Antagonisten (Endorphin-Gegner) den Vorzug zu geben (siehe auch S. 30). Auch Kalzium (ein für die Nerven- und Muskelarbeit wichtiges Metall) oder Lithium (das als Medikament bei Depressionen und Manie verabreicht wird) können Opiat-Rezeptoren einschneidend verändern, ebenso wie Caesium, das seit dem Reaktorunfall von Tschernobyl jedem geläufig ist. Dies ist wieder ein Hinweis dafür, daß Umweltfaktoren oder Nahrungsmittelbestandteile (zum Beispiel durch Caesium verseuchte Speisen) auf kaum kontrollierbare Weise unser hochdifferenziertes Botenstoff-Rezeptor-Zusammenspiel stören und psychische oder körperliche Krankheiten verursachen können, ohne daß wir die Ursache sicher erfahren.

Seit der Entdeckung der Enkephaline im Jahre 1975 sind etwa zwanzig weitere Neuropeptide als Endorphine identifiziert worden. Und man kann davon ausgehen, daß man noch weitere körpereigene, morphinähnliche Moleküle finden wird, die sich in ihrem Wirkungsspektrum oft kaum voneinander unterscheiden.

Einige Endorphine arbeiten nicht nur als »einfache« Botenstoff-Moleküle, sondern greifen als übergeordnete Funktionäre in das gesamte Hormon-Transmitter-System des Zentralnervensystems koordinierend ein. Einer dieser tonangebenden Botenstoffe heißt Beta-Endorphin, stammt aus der Hirnanhangdrüse und unterstützt als Chef-Hormon andere Hypophysen-Hormone, so das sog. ACTH (adrenocorticotropes Hormon) und das Vasopressin, die beide offenbar die Hirnleistung, speziell das Gedächtnis steigern. Bei Streßsituationen werden Beta-Endorphine und ACTH gleichermaßen von der Hypophyse abgesondert: Schmerzen und Angst werden durch Beta-Endorphin gestillt, während ACTH die Aufmerksamkeit erhöht und durch eine rasche Mobilisierung von Adrenalin und Noradrenalin die »flight-or-fight«-Reaktion (Fliehen oder Kämpfen) vorbereitet.

Hemmend wirkt Beta-Endorphin auf das Sexual- und Lusthormon Oxytocin (siehe S. 171); die körpereigenen Morphine sind zwar im sexuellen Bereich keine »Scharfmacher« und fördern auch nicht die äußerlich sichtbare Erregung der Geschlechtsorgane, tragen jedoch wesentlich dazu bei, sexuelle Wollust und orgastische Ekstase zu empfinden. In der Stanford University hat ein Team des Forschers Avram Goldstein experimentell gezeigt, daß nicht nur Opium und Morphium uns in euphorische Sphären schweben lassen, sondern daß körpereigenes Morphin ähnliches vermag. Es stellte sich jedoch die Frage, durch welche Aktionen die körpereigenen Happy-Makers stimuliert werden könnten; unter anderem wurden zwei Versuche getestet: Musik, die bei der Versuchsperson üblicherweise Freude und Entzücken hervorruft, erhöht auch die Konzentration von Endorphinen im Blut. Mehr noch lassen sowohl Masturbation als auch sexuelle Spiele mit einem Partner die seligmachenden Endorphine in die Höhe schnellen. Die auf diese Weise hochkonzentrierten Endorphine entfalten als Nebeneffekt eine ausgeprägte analgetische Wirkung: So wird verständlich, daß manche durchaus schmerzhafte sexuelle Praktiken nicht als Schmerz, sondern als Wollust empfunden werden (z. B. Kratzen, Beißen, Auspeitschen, ungewohnter Analverkehr). Sind die sexuellen Aktionen beendet, dann werden die während des Sexualrausches erhaltenen Verletzungen sehr bald schmerzhaft wahrgenommen.

Die ausgeprägte Müdigkeit und Schläfrigkeit nach einem intensiven Sexualrausch ist ebenfalls Folge der überdurchschnittlichen Endorphin-Konzentration im Blut. Ein hoher Endorphin-Spiegel bringt angenehme Mattigkeit und tiefen Schlaf, ähnlich wie eine größere Menge Opium (ob gekaut oder geraucht) oder Morphium (als intravenöse Injektion). Die durch sanfte Musik induzierte erhöhte Endorphin-Ausschüttung machen sich manche Zahnärzte zunutze, um das Schmerzempfinden bei der Behandlung zu reduzieren.

Eine niedrige Opium-Dosis und analog ein niedriger Endorphin-Spiegel im Blut machen nicht müde, sondern können aktivierend sein, ähnlich der Wirkung von Alkohol: ein Glas

Sekt wirkt anregend, nach dem Genuß einer Flasche fallen einem benommen die Augen zu. Ohnehin werden, pharmakologisch gesehen, Alkohol, Opium und Morphium zusammen mit Cannabis (Haschisch und Marihuana) zur Psychopharmakagruppe der Euphorika gezählt. Auch die Endorphine – wären sie nicht körpereigene, sondern exogene Drogen – könnten aufgrund vieler Wirkungen als Euphorika angesehen werden.

Endorphine sind stimmungsaufhellend und vertreiben Melancholie. Wiederum läßt sich die Wirkung der endogenen Morphine besser verstehen, wenn wir die jahrtausendelangen Erkenntnisse mit der entsprechenden exogenen Droge – Opium – heranziehen. Opiumtropfen oder Morphium in relativ niedriger Dosierung gelten nach wie vor bei naturheilkundlich orientierten Ärzten als ausgezeichnet verträgliche, antidepressive Arzneien. W. Zimmermann, ehemaliger Direktor des Krankenhauses für Naturheilverfahren in München, schreibt über seine Erfahrungen bei der Behandlung von schweren Depressionen mit Opiumtinktur, daß »die psychischen Verstimmungen, auch schwere Depressionen, vorzüglich beeinflußbar waren. Erfolgsquoten bis zu 70 Prozent waren voraussehbar, auch bei endogenen Depressionen. Die Befürchtung, daß mit Opiumtinktur eine Sucht auftreten könnte, hat sich nicht bestätigt. Bei klimakterischen Depressionen genügten bereits sehr geringe Mengen an Opium-Tinktur. Auch die Depression bei alten Menschen in der Folge arteriosklerotischer Hirnveränderungen war damit gut beeinflußbar«.

In den vergangenen Jahrzehnten wurde das Opium in der Behandlung von Depressionen fast völlig von den chemischen Antidepressiva verdrängt, obwohl diese viele Nebenwirkungen haben und nur wenige Symptome dämpfen. Der Siegeszug der chemischen Antidepressiva ist zum einen durch eine unkritische Fortschrittsgläubigkeit, zum anderen durch die massiven finanziellen Interessen der Pharmaindustrie zu erklären (chemische Antidepressiva sind sehr teuer, Opiumtropfen sind wesentlich preiswerter). Gegenwärtig erscheint man sich erfreulicherweise wieder verstärkt auf natürliche Heilmittel zu besinnen.

Wissenschaftliche Befunde weisen darauf hin, daß depressive Menschen über zu wenig Endorphine verfügen. Viele Melancholiker behelfen sich selbst, indem sie meist unbewußt ihre körpereigenen Endorphine vermehren: eine auf angenehme Weise durchwachte Nacht (zum Beispiel durch eine Nachtwanderung) erhöht den Endorphin-Spiegel im Blut und führt überdies zu einer Mehrproduktion des allgemein aktivierenden Noradrenalin; ähnliches kann durch ein Sonnenbad, bestimmte Atemübungen, autogenes Training, Yoga und durch einige Meditationstechniken erreicht werden.

Man weiß, daß lebensbedrohliche Streßsituationen eine exzessive Freisetzung von Endorphinen (und anderen stimmungshebenden Neurotransmittern) auslösen und dadurch die depressive Stimmung vertreiben. Während des letzten Weltkriegs wurde versehentlich ein Psychiatrisches Sanatorium, in dem schwerst depressive Patienten untergebracht waren, bombardiert; es wird berichtet, daß nach dem Bombardement, bei dem glücklicherweise niemand ernsthaft verletzt wurde, sich die Stimmung der Patienten erheblich besserte, die Melancholie war wie weggefegt. Das ist selbstverständlich keine anzustrebende Therapiemethode; es ist dennoch durchaus vergleichbar, daß sich melancholisch veranlagte Menschen oft in lebensbedrohliche Situationen begeben, um unbewußt ihre Endorphinproduktion zu steigern: Steilwandklettern, Ein-Mann-Segeln im Ozean, Autorennen, gefährliche Wanderungen unter anstrengenden/schmerzhaften Bedingungen (erlittener Schmerz mobilisiert Endorphine). Der Effekt der solchermaßen provozierten Endorphine hält bei manchen Menschen einige Tage an, bei anderen wesentlich länger, bevor eine erneute Stimulierung anfällt.

Früher wurden auch unklare »psychotische« Angstzustände, Verfolgungswahn, alle Arten von quälender Paranoia und andere sogenannte schizophrene Symptome mit Opium behandelt. Einige Psychiater behaupten, daß bei sog. schizophrenen Patienten der Blutspiegel mehrerer Neurotransmitter gestört sei, und zwar entweder zu hoch (z. B. bei Dopamin) oder – die

Endorphine betreffend – zu niedrig. Die Tatsache, daß Opium oder Opiate einen Menschen von paranoider Angst oder von bedrückenden Halluzinationen befreien können, ist noch kein Beweis für diese These. Während in den letzten Jahrzehnten bei »psychotischer« Symptomatik fast durchweg die hirnschädigenden Neuroleptika verabreicht wurden (siehe S. 131), werden jetzt wieder häufiger, auch in namhaften psychiatrischen Einrichtungen, das gut verträgliche Opium bzw. Opiate gegeben. Neuroleptika sind körperfremde Stoffe, die durch die Blockierung von Dopamin-Rezeptoren tiefgreifende Schäden anrichten; Opium oder Opiate dagegen sind den körpereigenen Endorphinen im Wirkungsprofil sehr ähnlich und ahmen sie nach.

Alle Endorphine pflegen mit den meisten anderen körpereigenen Botenstoffen ständig eng zusammenzuwirken. Die schmerzhemmende Wirkung der Endorphine ist zum Teil dadurch bedingt, daß sie die Freisetzung des Botenstoffes Substanz P verhindern. Substanz P ist ein im Rückenmark und Gehirn weit verbreiteter Transmitter, der mitverantwortlich ist für die Weiterleitung von Schmerzempfindungen aus der Peripherie des Körpers. Werden die Neurotransmitter Serotonin oder Noradrenalin entlang von opiat-rezeptorhaltigen Nervenbahnen experimentell unterdrückt, dann büßen die Endorphine ihre schmerzstillende Wirkung ein. Die einzelnen biochemischen Vorgänge, die diesen Wechselwirkungen zugrunde liegen, sind noch wenig geklärt.

Ärzte und Krankenschwestern, die in einer chirurgischen Notambulanz gearbeitet haben, kennen das folgende Phänomen: Unfallverletzte mit klaffenden Wunden und Mehrfachfrakturen an Armen und Beinen werden nicht selten bei vollem Bewußtsein eingeliefert, wirken relativ ruhig und klagen nicht über Schmerzen. Früher sprach man in diesem Zusammenhang von »streßbedingter Analgesie«. Mittlerweile weiß man, daß der Mensch in der Lage ist, ungeheure Mengen körpereigener Morphine in Sekundenschnelle zu produzieren und so Analgesie und Ruhe herzustellen. Ein phantastischer physiologischer Vorgang, ohne den wir nicht überleben könnten.

Während der Schwangerschaft und der Geburt treten naturgemäß immer wieder Streßzustände und Schmerzsensationen auf. An der University of Michigan wurde nachgewiesen (Akil u. a.), daß in der Schwangerschaft der Endorphinspiegel im Blut (das Beta-Endorphin) erheblich erhöht ist. Besonders eindrucksvoll dämpfen die reichlich vorhandenen Endorphine während der Entbindung die Schmerzen, wirken angstlösend und beruhigend. Sogar der Dammschnitt kann während des Geburtsvorgangs notfalls ohne Betäubungsmittel ausgeführt werden: Mit einer Schere wird durch einen Schnitt in die Beckenbodenmuskulatur der Mutter die vaginale Austrittsöffnung für das ankommende Baby erweitert. Dieser Schnitt geschieht dann gewissermaßen unter dem Schutz einer körpereigenen Endorphin-Narkose. Etwa 24 Stunden nach der Entbindung fällt der Endorphin-Spiegel rasch auf normale Werte ab, und die Schmerzempfindlichkeit ist, wie sonst auch, in dieser Körperregion besonders ausgeprägt. Geschieht dieser innere Drogenentzug zu radikal, dann können heftige Angstzustände, Halluzinationen und Paranoia eintreten (gewissermaßen eine vom Körper induzierte Entzugssymptomatik) – dann ist von Schwangerschaftspsychose die Rede. Nicht selten werden die jungen Mütter dann in psychiatrische Anstalten gebracht und mit dämpfenden Neuroleptika fehlbehandelt. Richtiger wäre ein Abwarten und ein Stimulieren der Endorphine oder, falls nötig, die exogene Verabreichung von Opium oder Opiaten in niedriger Dosierung. Die Erkenntnisse aus der Entdeckung des körpereigenen Endorphinsystems haben in der klinischen Medizin bislang leider noch kaum zu einem therapeutischen Umdenken beigetragen.

Erheblich erhöhte Endorphinkonzentrationen im Blut werden auch bei Fakiren während ihrer Übungen und bei ekstatischen Feuertänzern gemessen und – um ein Beispiel aus der Tierwelt zu nennen – bei Kamelen während der Arbeit in der Wüste. Und schließlich: Akupunktur oder Akupressur können Endorphine in die Höhe treiben, was den analgetischen, entspannenden Effekt mitbewirkt.

Mit dem Begriff »Schmerz« wird ein vielfältiges Geschehen

umschrieben: wenn wir uns beispielsweise die Hände an einer Kerze verbrennen, so geben uns Sinnesempfindungen Ort, Stärke und Dauer des schmerzerzeugenden Reizes an. Wir reagieren dann emotional auf das Schmerzerleben (mit Ärger, Schrecken, Angst), und mehr oder weniger gleichzeitig setzt eine rasche Verhaltensänderung ein (wir ziehen die Hand weg von der Flamme, halten sie unter kaltes Wasser).

Die erste Information über einen schmerzhaften Reiz erhalten wir von sogenannten Schmerzrezeptoren in der Peripherie wie Haut, Muskeln und Gelenken (»somatischer Schmerz«) oder von den inneren Organen wie Herz, Pankreas (»viszeraler Schmerz«). Die Schmerzrezeptoren sind wie freie Nervenendigungen, die mechanische, chemische oder thermische Reize aufnehmen und weiterleiten. Auch chemische Stoffe können die Schmerzrezeptoren erregen; zu diesen »Schmerzstoffen« gehören u. a. Histamine, Prostaglandine, Serotonin, Acetylcholin, Kinine, Kaliumionen. Vom Schmerzrezeptor aus wird die Schmerzinformation über sogenannte afferente Nervenfasern ins Rückenmark geleitet, wo eine Umschaltung erfolgt. Schließlich gelangen die Impulse in den Thalamus; dort werden sie gesiebt und gefiltert und dann an die Großhirnrinde (Gyrus postcentralis) weitervermittelt; in einer Nebenschaltung wird auch das Limbische System benachrichtigt.

Der schmerzstillende Effekt der Opiate entfaltet sich schon im Rückenmark (in der Substantia gelatinosa), ganz wesentlich aber im Thalamus und im Limbischen System, woraus eine dämpfende Unterbewertung des Schmerzes resultiert. Sehr spezifisch wird das Schmerzerleben gehemmt; die übrige Körpersensibilität, also jede Art der Berührungsempfindung bleibt erhalten, auch das Gefühl für Kälte und Wärme. Sogar das schmerzauslösende Geschehen, beispielsweise ein Nadelstich in die Wade, wird noch als (Schmerz-)Reiz wahrgenommen, tut aber nicht mehr weh. Opium und wohl auch die Endorphine beeinflussen etwas weniger die scharfstechenden, »hellen« Schmerzen (zum Beispiel an der Haut), sondern mehr die tiefen, dumpfen, inneren Schmerzen (die langsamen, viszeralen Schmerzen).

Opium und Morphium sind trotz intensivster Forschung nach wie vor die stärksten und verträglichsten exogenen Analgetika (Schmerzmittel). Doch noch wirksamere Analgetika sind unter den körpereigenen Endorphinen zu finden, beispielsweise das Dynorphin, das 200fach stärker schmerzstillend wirkt als Morphium. Die Endorphine sind also sehr starke Analgetika, und einige, so das Beta-Endorphin, wurden künstlich hergestellt und als »Medikamente« am Menschen ausprobiert: mit Beta-Endorphin konnte eine Schmerzlinderung für die Dauer von anderthalb Tagen erreicht werden. Doch insgesamt haben die künstlichen, von außen zugeführten Endorphine keine Vorteile gegenüber Opium oder Morphium. Werden Endorphine als exogene Drogen (also als Medikamente) einem Menschen zugeführt, so ist das Risiko einer Sucht offenbar genauso groß wie bei Morphium. Vom Körper mobilisierte Endorphine dagegen machen grundsätzlich nicht süchtig, da sie gleich nach ihrer Interaktion mit dem Rezeptor abgebaut werden. Mit Hilfe einiger Techniken (siehe S. 92) ist es möglich, die eigenen Morphine zu stimulieren, sogar um einen opiumähnlichen Benebelungszustand zu erreichen. Wenn man immer häufiger diesen Rausch des Wohlbefindens anstrebt, so ist dieses übersteigerte Verlangen durchaus mit Drogensucht vergleichbar.

Es wird viele erstaunen, daß nicht nur Opiumtinktur oder Opiattabletten Schmerzfreiheit und Ruhe bringen, sondern daß sich oft ein ähnlicher Effekt mit wirkstofffreien Tabletten erreichen läßt, mit sog. Placebos (wörtlich: »ich werde angenehm sein«). Das Wunder des Placebo-Effekts ist dann erreicht, wenn man einem schmerzgequälten Menschen statt einer Schmerztablette eine wirkstofffreie Tablette (also ein Leerpräparat gleichen Aussehens) oder statt einer Morphiumspritze eine sterile wäßrige Lösung verabreicht, und damit dennoch Schmerzlinderung oder Schmerzfreiheit erzielt. Man erklärte sich bisher dieses »Wunder« als Suggestionseffekt: Der naive Glaube des Patienten an die Pille oder Spritze oder sein Glaube an die »Droge Arzt« hilft, die Schmerzen zu vergessen.

Auch ein Placebo kann bei entsprechend gestimmten Menschen genauso wie Opium (oder ein anderes starkes Analgetikum) wirken und Schmerzen lindern. Jon Levin und sein Team an der Universität von Kalifornien kamen bei ihren Placebo-Experimenten zu verblüffenden Ergebnissen: Eine Gruppe von vierzig Schmerzpatienten erhielt eine als schmerzstillend deklarierte Placebo-Injektion; knapp 40 Prozent von ihnen gaben ein deutliches Nachlassen des Schmerzes an. Nach Ablauf einer Stunde bekamen alle Patienten eine zweite Injektion. In dieser zweiten Spritze war jedoch Naloxon (was weder die Patienten noch die verabreichenden Ärzte wußten, sondern lediglich die experimentierenden Forscher). Nach dieser zweiten Injektion beklagten die Patienten, die auf Placebo mit Schmerzlinderung reagierten, ein erneutes Auftreten starker Schmerzen. Die anderen, auf Placebo nicht-reagierenden Patienten vermeldeten keine Änderung ihrer Beschwerden. Naloxon ist (wie bereits erwähnt) ein Opiat-Antagonist, blockiert die Opiat-Rezeptoren an den Nervenzellen und beseitigt damit die Wirkung sowohl des Opiums als auch der körpereigenen Endorphine. Die Experimente brachten erstaunliche Befunde: die Placebo-Injektion hat offenbar bei 40 Prozent der Patienten das körpereigene Endorphinsystem aktiviert und damit die Schmerzen vertrieben; die zweite Injektion (Naloxon) hat bei diesen Patienten die Endorphine von den Rezeptoren verdrängt und damit die Schmerzen wieder aufflammen lassen. (Die sorgfältig kontrollierten Versuchsbedingungen von Jon Levin und seinem Team waren allerdings wesentlich komplizierter als hier in Kürze dargestellt ist; so wurden mehrere Patientengruppen getestet, die entweder in beiden Injektionen ein Placebo erhielten oder zuerst Naloxon, dann Placebo; eine weitere Kontrollgruppe wurde beispielsweise mit Morphium behandelt. Auch die Injektionsbedingungen wurden variiert: sichtbare oder nicht sichtbare Injektionen durch einen Arzt oder durch eine Maschine.)

Da nun das körpereigene Endorphinsystem bekannt ist, läßt sich endlich der seit Jahrhunderten praktizierte Placeboeffekt erklären: Die starke, ungetrübte Überzeugung von der unmittelbar bevorstehenden Befreiung vom Schmerz mobilisiert die

Selbstregulierungskräfte im Körper, vor allem das körpereigene Endorphinsystem. Die auf Placebo reagierenden Patienten sollten also nicht als Personen, die besonders leicht zu täuschen sind, angesehen werden, sondern als solche, die unbewußt die Fähigkeit haben, die Selbstheilungskräfte in ihrem Körper spontan zu aktivieren.

Was hier in aufwendigen, beeindruckenden Experimenten gezeigt wurde, geschieht schon seit Menschengedenken in den Zeremonien der Volksheilkunde oder in den Heilungsritualen primitiver Völker. Die naturwissenschaftlich-materialistisch orientierten westlichen Mediziner verwenden als Placebo allerlei Pillen und Injektionslösungen, setzen Infusionsgeräte, computergesteuerte Monitore und andere Apparaturen ein. Ausgehend von dem Wissen über die körpereigenen Drogen und körpereigenen Heilsubstanzen sollte der Begriff Placebo (Ich werde angenehm sein) anders als bisher definiert werden: Placebo ist ein Stimulans, das die Selbstregulierungs- und Selbstheilungskräfte im Menschen mobilisiert; Placebo muß nicht unbedingt ein Gegenstand, sondern kann auch eine geistige Kraft oder ein Heilungsritual sein. So gesehen steht Placebo auch im Mittelpunkt der Heilungspraktiken von indianischen oder sibirischen Schamanen, in rituellen Heilungen des Umbanda- oder Voodoo-Kultes oder in Heilverfahren mittels Hypnose, Yoga oder Meditation.

Zur Stimulierung der körpereigenen Endorphine können folgende Methoden und Techniken herangezogen werden:

Autogenes Training
Yoga
Meditation
Aktives Imaginieren
Beobachtende Achtsamkeit
Ekstatisches Tanzen (bzw. Heiltanzrituale)
ZaZen-Übungen
Reizüberflutung

Reizentzug
Längerdauernde Extrembelastungen (z. B. Steilwandklettern)
Placebo-Phänomen

Das intelligenzprägende Acetylcholin

Extrakte aus der Tollkirsche (Atropa belladonna) wurden seit Hippokrates' Zeiten und bis in die Neuzeit dazu verwendet, Magen und Darm zu beruhigen. Doch bekannter geworden ist die Tollkirsche (engl. deadly nightshade) als tödliches Gift: Eine Überdosis hat nicht nur tagelang andauernde weite Pupillen und glänzende Augen (daher der Name: bella donna, schöne Frau) zur Folge, sondern verursacht Desorientiertheit, Gedächtnislücken, verwirrte Euphorie, Halluzinationen und schließlich die Vernichtung geistig-seelischer Fähigkeiten. Der Tod tritt unter Krämpfen und Fieber durch Atemstillstand ein.

In nicht tödlicher Dosis ist Atropa belladonna ein Rauschmittel; vor allem im Mittelalter wurde es häufig als Bestandteil von Hexengebräu und Hexensalben verwendet. Atropa als Rauschmittel läßt oft stark erotisch gefärbte Halluzinationen aufkommen, der sexuelle Drang wird erhöht, und die betroffene Person wird lebhaft, tanzt und singt ausgelassen, wird übertrieben leutselig. In ansteigender Dosis wirkt ein Mensch unter Atropa-Einfluß wie hypnotisiert, wird gefügig und plaudert sogar auf Befragen seine innersten Geheimnisse aus.

Bereits vor etwa hundertfünfzig Jahren konnte als hauptsächlicher Wirkstoff der Tollkirsche das Atropin identifiziert werden; und in den dreißiger Jahren dieses Jahrhunderts stellte man schließlich fest, daß Atropin den Neurotransmitter Acetylcholin hemmt und seine Funktion als Botenstoff unmöglich macht – beim Menschen sind schwere intellektuelle Ausfälle die Folge. Das Wissen um die Symptomatik, die bei einem atropinbedingten Mangel an Acetylcholin auftritt, weist darauf hin, daß wohl auch die Alzheimer Krankheit vor allem eine Acetylcholin-Mangel-Krankheit ist.

Acetylcholin ist der Stoff, der unsere Gedanken trägt, der Transmitter unserer Logik, Vernunft, unserer Kritikfähigkeit. Wenn Acetylcholin durch ein Gegenmittel wie Atropin (einem »kompetitiven« Antagonisten) ausgeschaltet wird, dann treten Gedankenlosigkeit, Gedächtnisstörungen, Unlogik, Unfähigkeit zu differenzierter Kritik und Verlust der Selbstkontrolle auf. Aus diesem Grunde wurde vorwiegend im Mittelalter der Tollkirschenextrakt als »Wahrheitsserum« mißbraucht. In diesem Extrakt sind außer Atropin noch andere Wirkstoffe (z. B. das ebenfalls gegen Acetylcholin gerichtete Scopolamin): Wer von diesem Gebräu trinkt, der läßt alles mit sich geschehen, redet das, was man von ihm hören will. Auf diese Weise wurden zu Zeiten der Hexenverfolgung Geständnisse erpreßt oder begehrte Frauen gefügig gemacht.

Einige Aphrodisiaka enthalten unter anderen Ingredienzien auch Atropin, das nicht nur auf den Parasympathikus wirkt, sondern auch das an Acetylcholin gebundene Denken und die Selbstbeherrschung reduziert und dadurch die Triebhaftigkeit mobilisiert.

Acetylcholin wurde in den zwanziger Jahren von dem deutschen Physiologen O. Loewi als erster Neuro-Botenstoff identifiziert. Es ist über den gesamten Organismus verteilt und erfüllt dabei im wesentlichen drei unterschiedliche Aufgaben:

a) Jeder Muskel, sowohl die kräftig gebauten Arm- und Beinmuskeln als auch die feinspielige Gesichtsmuskulatur erhält den Befehl zur Bewegung von Acetylcholin. Die Nerven, die vom Gehirn oder Rückenmark zu den einzelnen Muskeln ziehen, können ohne Acetylcholin keine Muskelkontraktion und keine Muskelerschlaffung bewirken. Die Übertragungsstelle vom Nerven zum Muskel (die neuromuskuläre Synapse) wird von Acetylcholin beherrscht.

Bei starker Müdigkeit oder Erschöpfung kommt es zu einer erheblichen Verlangsamung der Reizübertragung vom Nerven zum Muskel (wenn wir müde sind, sinken die Augenlider, unsere Arme werden schwer wie Blei). Tritt dies auch ohne Ermüdung am gesamten Körper auf, spricht man von Myasthenie, einer Krankheit der Acetylcholin-Rezeptoren. Eine Reihe von Giften kann Acetylcholin aus der synaptischen Arbeit verdrängen und so zu teilweise tödlichen Lähmungen führen. Curare, das Pfeilgift der alten Indianer, vertreibt in Windeseile das Acetylcholin aus den Synapsen und läßt durch eine Lähmung der Atemmuskulatur die Pfeil-Getroffenen ersticken.

Durch mehr Bewegung erhöht sich die Acetylcholin-Konzentration an der Muskulatur; dieses Mehr an Acetylcholin kann auch dem vegetativen (also die inneren Organe versorgenden) Nervensystem zugute kommen und eine eventuell vorher entgleiste Homöostase wieder herstellen. Bedauerlicherweise kann das durch Muskeltätigkeit hochkonzentrierte Acetylcholin nicht in unser Gehirn eindringen: die Blut-Hirn-Schranke verhindert, daß das durch Bewegung geförderte Acetylcholin auch unser Denken erleichtert.

b) Acetylcholin kann den Herzschlag verlangsamen, und wenn zu wenig Acetylcholin-Moleküle aktiv sind, bleibt das Herz für immer stehen. Auch Speicheldrüsen, Lunge, Magen und Darm, Blase, Geschlechtsorgane werden durch Acetylcholin reguliert: Dieses Molekül arbeitet hier als Überträgersubstanz des Parasympathikus, der die genannten Organe mit Nervenimpulsen versorgt. Der Parasympathikus ist ein Teil des vegetativen Nervensystems; der andere Teil heißt Sympathikus und sorgt dafür, daß die inneren Organe eine adrenalinbedingte Streßreaktion unterstützen (so erweitert beispielsweise der Sympathikus die Bronchien zur tieferen und schnelleren Atmung, der Parasympathikus verengt die Bronchien zur Ruhestellung). Am Ende der Sympathikus-Nervenstränge wird Noradrenalin als Überträgerstoff freigesetzt; aber an den Zwischen-Umschaltstellen des Sympathikus (an den präganglionären Synapsen) fungiert erneut das überall verbreitete Acetylcholin.

Vereinfacht läßt sich das Nervensystem des Menschen durch die folgende Skizze darstellen. Daraus wird noch einmal ersichtlich, daß im peripheren Nervensystem das Acetylcholin der allesbeherrschende Botenstoff ist.

Der Parasympathikus hat an allen Zwischen- und Hauptsyn-

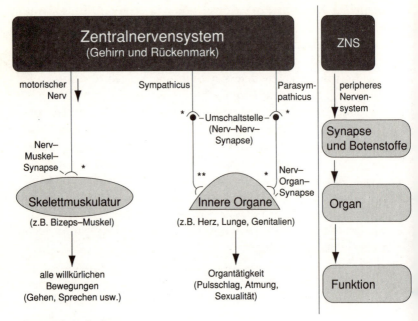

Botenstoffe an den Synapsen:

* Acetylcholin
** Noradrenalin

Von Gehirn und Rückenmark gehen Nervenstränge in alle Regionen des Körpers, zu allen Muskeln und allen inneren Organen. Die Nachricht, die in einem Nervenstrang ankommt, wird von einem Botenstoff – meist Acetylcholin – weitergeleitet und einem Rezeptor am Zielorgan übergeben. Außer diesem Nerven-Botenstoff-System gibt es noch Hunderte von weiteren Botenstoffen, die in anderen Systemen funktionieren, und die auf dem Blut- oder Lymphweg »ihre« spezifischen Rezeptoren erreichen.

apsen das Acetylcholin als Botenstoff. In dieser Funktion verengt Acetylcholin die Pupillen, läßt Tränen fließen, sorgt für Darmperistaltik und Blasenentleerung und schließlich für Erregung von Penis und Klitoris.

Ist der von Acetylcholin beherrschte Parasympathikus dauernd in einem krankhaft gesteigerten, überspannten Zustand (sogenannte Vagotonie oder Parasympathikotonie oder allgemein: vegetative Dystonie), dann reagieren die von ihm versorgten Organe auf durchschnittliche Umweltreize überschießend und unphysiologisch (zum Beispiel könnte ein Vagotoniker auf einen kalten Windstoß oder auf eine brüske Beleidigung mit Atemnot, tränenden Augen, Herzstolpern oder unfreiwilligem Urinabgang reagieren). Solche Störungen sind begreiflicherweise sehr belastend; sie lassen sich auf relativ einfache Weise lindern oder heilen, vor allem durch Autogenes Training oder Yoga. Das vegetative Nervensystem, das überwiegend autonom (also willentlich kaum beeinflußbar) arbeitet, läßt sich mit Hilfe von Autogenem Training und Yoga willentlich steuern (bekannt ist die etwas spektakuläre Übung, in der ein geübter Yogi sogar sein Herz eine kurze Weile absolut zum Stillstand bringt und es dann erneut zum Schlagen anregt).

c) Schließlich ist Acetylcholin der wichtigste Botenstoff im Neocortex, dem hochdifferenzierten Teil des Großhirns, der typisch ist für die höheren Säugetiere und den Menschen. In der Großhirnrinde sind dichte Ansammlungen von acetylcholinhaltigen Nervenzellen, deren Nervenfortsätze (Axone) sich meist in tieferen Hirnregionen verzweigen. Auffällig ist aber, daß viele Acetylcholin-Zellen ihre Nervenfortsätze nur im Bereich der Großhirnrinde ausbreiten und sich nur dort mit anderen Hirnzellen verschalten und verbinden. Man kann davon ausgehen, daß dieses von Acetylcholin beherrschte Geflecht von Nervenzellen der mikroskopisch sichtbare Ort aller komplexen geistigen Vorgänge ist, wo der Großteil der Informationsverarbeitung und Informationsspeicherung vor sich geht. Besonders viele Acetylcholin-Rezeptoren sind im persönlichkeitsprägenden Frontalhirn und im schläfenseitig liegenden Temporalhirn gelegen. Werden weite Teile des Temporalhirns entfernt (zum Beispiel bei der sogenannten Klüver-Bucy-Operation), kommt es zum hochgradigen oder völligen Verlust des Gedächtnisses. (Solch äußerst invasive, zerstörende Hirnoperationen wurden früher manchmal bei Epileptikern vorgenommen.)

Acetylcholin befindet sich auch in den Neuronen der motorischen Hirnrinde (den obersten Zentren unserer Willkürbewegungen) und der sensiblen Hirnrinde (der obersten Körperfühlzone). Wenn wir auf einem Bein hüpfen, schreien oder sprechen wollen, dann ergeht zuerst der zentrale Befehl von der motorischen Hirnrinde (Gyrus praecentralis) an das Bein bzw. an die »Sprechorgane«. Und wenn wir beim Barfußlaufen unter der Fußsohle Sand oder Kiesel spüren oder mit den Fingern die Qualität eines Stoffes prüfen, dann wird dies in der Körperfühlzone der Hirnrinde (Gyrus postcentralis) registriert. Wie wichtig diese motorischen und sensiblen Hirnregionen sind, wird deutlich, wenn bei einem Menschen eine plötzliche schwere Hirndurchblutungsstörung, ein Schlaganfall (Apoplex, Insult) auftritt. Folge davon ist häufig eine halbseitige Lähmung und Taubheit von Arm und Bein. Acetylcholin ist also auch wesentlich daran beteiligt, wenn wir uns willkürlich bewegen und wir uns der allgemeinen Sinnesempfindungen (Berührung, Druck, Temperatur, Schmerz) bewußt werden.

Was Acetylcholin bewirkt:

Im Gehirn:
- Anregung der Willkürmotorik und Wahrnehmung äußerer Reize (in der motorischen und sensiblen Hirnrinde)
- Informationsverarbeitung, Gedächtnis
- Viele intellektuelle Leistungen wie Urteils- und Kritikvermögen, geistige Differenzierung und Einsichtsfähigkeit. Aufbau eines individuellen »hirneigenen Lexikons«.
- Schlaf- und Wachrhythmus. Allgemeine Aktivierung. Steuerung von Nahrungs- und Flüssigkeitsaufnahme (Hunger und Durst).

In der (Skelett-)Muskulatur:
   Die neuromuskuläre Übertragung. Bei peripherem Acetylcholin Mangel entsteht Muskelschwäche, schließlich Lähmung.

Im vegetativen Nervensystem:
   Auge: Pupillenverengung, vermehrte Tränen.
   Verdauungstrakt: Anregung von Speicheldrüsen und Ver-

dauungssekreten. Zunehmende Peristaltik. Vermehrter Gallefluß.
Blase: Erleichterte Entleerung.
Herz-Kreislauf: Pulsverlangsamung, allgemeine Dämpfung der Herzfunktionen. Senkung des Blutdrucks.
Lunge: Vermehrte Sekretion, Bronchien verengend. (Herz und Lunge werden durch Acetylcholin auf Ruhe eingestellt).
Genitalien: Erektion von Penis und Erregung von Klitoris.

Die intelligenzprägenden Acetylcholin-Zentren unserer Hirnrinde haben kleinere »Filialen« im Limbischen System, der Hochburg aller Emotionen. Direkte Nervenbahnen verbinden beide Acetylcholin-Gebiete und sorgen für eine emotionale Auswahl der Informationsspeicherung und für ein Vermischen der Gedanken durch Gefühle.

Acetylcholin ist in immerhin 10 bis 20 Prozent aller Hirnnervenzellen als Botenstoff tätig, allein oder zusammen mit anderen Transmittern. Doch obwohl Acetylcholin als Neurotransmitter seit Jahrzehnten bekannt ist, kennt man die physiologische Bedeutung all seiner Neurone nur teilweise. Relativ klar ist dagegen, wie Acetylcholin die ankommenden Nachrichten auf die nächstliegenden Rezeptoren überträgt: kommt ein Nachrichtenimpuls an der Nervenendigung an, so werden aus kleinen Vorratsbläschen einige Acetylcholin-Moleküle freigesetzt, verlassen die Nervenendigung und wandern an den benachbarten für Acetylcholin passenden Rezeptor. Die Acetylcholin-Rezeptoren sind keineswegs alle gleich; entsprechend der Reaktion, die diese Rezeptoren mit anderen Stoffen zeigen, unterscheidet man verschiedene Typen, zum Beispiel nicotinerge (auf Nikotin reagierende), exzitatorische Rezeptoren und muskarinartige Rezeptoren. Bei der Verbindung des Acetylcholins mit dem Rezeptor nach dem Schlüssel-Schloß-Prinzip spielen elektrostatische Anlagerungskräfte eine Rolle. Der Kontakt zwischen Acetylcholin und seinem Rezeptor ist nur von kurzer Dauer; Acetylcholin gibt die Botschaft ab und zieht sich zurück, wird dann aber sofort von dem Enzym Acetylcholinesterase in der Mitte durchgeschnitten. Die so entstehenden beiden Teile, Essigsäure und Cholin, werden entweder abtransportiert oder von der Nervenendigung wieder aufgenommen. Im Nerv werden die Einzelteile mit Hilfe des Enzyms Cholinacetyltransferase wieder zu Acetylcholin zusammengebaut und in Bläschen gespeichert, bis die nächste Nachricht ankommt.

Acetylcholin gilt als sehr schnell reagierender Transmitter, die Dauer einer einmaligen Wirkung beträgt aber oft nur Bruchteile einer Sekunde bis wenige Minuten; dann müssen andere Acetylcholin-Moleküle eine erneute Rezeptorerregung starten. Gleichzeitig werden weitere Botenstoffe aktiv, zum Beispiel Glutamat, Aspartat und mehrere andere, deren genaue biochemische Bedeutung noch nicht erforscht ist.

Viel Acetylcholin im Gehirn wirkt auf den Körper beruhigend. Dies entspricht auch der allgemeinen Erfahrung: Wer konzentriert nachdenken will, setzt sich hin, nimmt eine Ruheposition ein. Denkende und nachdenkliche Menschen sind zumeist äußerlich ruhig. Experimente an Menschen und Tieren mit Pharmaka, die die Acetylcholin-Konzentration im Gehirn vermehren, weisen in eine ähnliche Richtung: Durch ein Zuviel an Acetylcholin werden introvertierte Menschen noch nachdenklicher, schließlich grüblerisch und depressiv. Bei depressiven Menschen potenziert eine gesteigerte Acetylcholin-Konzentration die depressive Stimmung. So erklärt es sich, daß viele Alzheimer-Kranke, die vorher depressiv waren, bei niedrigem Acetylcholinspiegel eine gehobenere Stimmungslage erreichen.

Einige Insektenvernichtungsmittel greifen das Enzym Acetylcholinesterase an, das den Abbau von Acetylcholin im Körper regelt. Diese Insektizide bringen eine so massive Störung in den Acetylcholin-Stoffwechsel, daß sogar kleine Tiere daran zugrunde gehen; doch auch Säuglinge und Kleinkinder sind gefährdet. Wiederholt wurden schwere Vergiftungen, sogar Todesfälle verzeichnet; häufig beklagten diejenigen, die sich aufgrund ihrer Arbeit mit solchen Insektiziden kontaminierten, auffällige Gedächtnisstörungen.

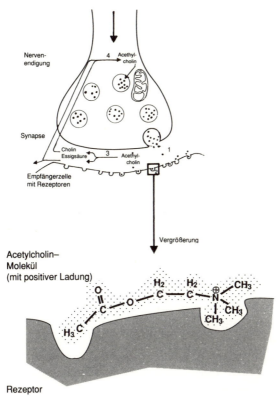

1 *Freies Acetylcholin,* 2 *Acetylcholin am Rezeptor,* 3 *Acetylcholin wird durch Acetylcholinesterase zerlegt,* 4 *Erneute Acetylcholin-Synthese durch Cholinacetyltransferate*

Eine ganze Reihe von Umweltstoffen und einige Arzneien wirken in unserem Gehirn blockierend auf das Molekül ein, das unser Denken repräsentiert. Versuchspersonen, denen Atropin oder ein atropinähnliches Mittel gegeben wurde, sind unfähig, neue Fakten zu lernen oder einfache Denkaufgaben zu lösen. Die intellektuellen Fähigkeiten stellen sich erst wieder ein, nachdem Atropin vom Körper eliminiert worden ist. Wer längere Zeit »atropinartig« gegen seine Gedanken-Moleküle vorgeht, muß mit erheblichen Gedächtnisstörungen rechnen. Um so unverständlicher ist es, daß immer noch atropinhaltige Medikamente (für bestimmte Augenleiden, Magenbeschwerden usw.) im Handel sind.

An der Alzheimer Krankheit, bei der es an Acetylcholin und anderen Neurotransmittern mangelt, leiden nicht nur frühere Atropin-Konsumenten. Viel verbreiteter als atropinhaltige Arzneien sind seit mehr als zwanzig Jahren Medikamente, die verschiedene Rezeptoren an der Nervenzellen blockieren (z. B. einige Magen-Darm-Mittel, Herzmittel). Man muß davon ausgehen, daß diese modern gewordenen Rezeptoren-Blocker auch in das Transmittersystem des Gehirns eingreifen. Die dabei möglicherweise auftretenden intellektuellen Störungen können anfänglich unmerklich, sehr schleichend entstehen.

Auch andere Medikamente und Medikamentenbestandteile scheinen blockierend auf das Acetylcholin-Rezeptor-System einzuwirken; einige Antidepressiva, vor allem Amitryptilin (Handelsname: Laroxyl, Saroten, u. a.) werden in diesem Zusammenhang genannt: In vielen Ländern sind dies durchaus sehr verbreitete Medikamente. Es gibt Hinweise dafür, daß diese Arzneien zwar die Depression mildern, dafür aber die geistig-seelischen Fähigkeiten schädigen. Als Acetylcholin-Gegner wird auch immer wieder Aluminium verdächtigt, das nicht nur in Mitteln gegen Sodbrennen enthalten ist, sondern auch im Leitungswasser. Inwieweit andere giftige Metalle wie Blei, Cadmium, Quecksilber oder Kupfer an einer Neurotransmitter-Verarmung mitschuldig sind, ist noch nicht vollends geklärt.

Ob der körpereigene Auf- und Abbau von Acetylcholin gebremst wird (z. B. durch Insektizide) oder ob die spezifischen Rezeptoren blockiert sind (z. B. durch medikamentöse Rezeptoren-Blocker), ist hinsichtlich der Folgen irrelevant: Beide Störungen bringen unser durch Neurotransmitter filigran aufgebautes geistiges Gerüst teilweise oder ganz zum Einsturz.

Die Alzheimer-Forschung wird fast ausschließlich der Pharmaindustrie überlassen, die verständlicherweise wenig Interesse daran hat, Umweltgifte oder Nahrungsbestandteile als Mitverursacher dieser Degenerationskrankheit aufzudecken, denn die Folge wäre eine für die Industrie einschränkende Umweltpoli-

tik und eine restriktive Kontrolle der Nahrungsmittelhersteller.
Acetylcholin künstlich herzustellen, ist längst kein Problem mehr, doch dies nützt dem Alzheimer-Kranken wenig: Obwohl das künstliche Acetylcholin mit dem körpereigenen Acetylcholin chemisch absolut identisch ist, wird es – selbst wenn es intravenös zugeführt wird – im Körper durch das überall vorkommende Enzym Acetylcholinesterase sofort zerlegt. Auch wenn es gelänge, durch einen chemischen Trick ein überlebensfähiges Acetylcholin-Molekül herzustellen, würde die »Blut-Hirn-Schranke« dem im Blut schwimmenden Kunstprodukt den Zutritt zum Gehirn verweigern. Elektrisch geladene Moleküle wie das Acetylcholin werden von den Astro-Zellen (Astrozyten), den Grenzwächtern des Gehirns, abgewiesen; das Gehirn stellt sein eigenes Acetylcholin her.
Wenn diese streng bewachte »Blut-Hirn-Schranke« das Acetylcholin nicht abweisen würde, wäre es für Lernschwache oder Alzheimer-Kranke einfach: Durch exzessive körperliche Bewegung ließe sich der Acetylcholin-Blutspiegel so massiv erhöhen, daß er auch in das Gehirn übertritt. Was bei einigen Neurotransmittern durchaus möglich ist – nämlich der Übertritt von der Blutbahn ins Gehirn –, scheitert bei Acetylcholin. Zur Mobilisierung von Acetylcholin im zentralen Nervensystem eignen sich also nur hirneigene Trainingsformen.
Wenn jetzt abschließend Übungen und Techniken zur Mobilisierung von Acetylcholin genannt werden, so muß zwischen dem hirneigenen Acetylcholin und dem Acetylcholin, das dem übrigen Körper eigen ist, unterschieden werden:

a) Stimulierung von Acetylcholin-Botenstoffen in der (Skelett)Muskulatur und im vegetativen (vor allem parasympathischen) Nervensystem:
- Motorisches Training des Bewegungsapparates (Gymnastik, isometrische Übungen, Sport)
- Autogenes Training, Yoga
- Schadstoffarme Diät und Substitution von lebenswichtigen Stoffen (Mineralien, Vitamine)

b) Anregung von Acetylcholin im Gehirn
- Intellektuelles Training (Lernen, Gedächtnisübungen, »Hirn-Jogging«). Gemieden werden sollte passives geistiges Konsumieren (z. B. auch dauerndes Fernsehen, das durch die totale Vorgabe von Bild, Ton, Handlung eigenständiges Denken und Phantasie ausschaltet)
- Meditation
- Aktives Imaginieren
- Vermeiden von Umweltgiften und Schadstoffen in der Nahrung entsprechend den Vorschlägen der Orthomolekularen Medizin und Klinischen Ökologie
- Meiden von rezeptorblockierenden Medikamenten
- Tagtraum-Technik und andere die Phantasie stimulierende Übungen

Adrenalin und Noradrenalin – die Leistungsdrogen

Unter allen Botenstoffen genießt Adrenalin den größten Bekanntheitsgrad. Fast jedermann weiß, daß Adrenalin-Ausschüttung mit Leistung, starker Erregtheit und Streß zu tun hat. Noradrenalin ist gewissermaßen der weniger prominente Bruder von Adrenalin: Beide haben dieselbe Abstammung, in ihrem chemischen Aufbau ähneln sie sich bis auf eine winzige Abweichung; auch ihre Funktionsgebiete sind weitgehend identisch – und dennoch haben beide deutlich individuelle Besonderheiten.

Adrenalin und Noradrenalin gehören zur Familie der Catecholamine (so genannt, weil sie sich aus einfachen, in der Nahrung vorhandenen Aminosäuren ableiten); für ihre vielfältigen Aktivitäten sind die Catecholamine stark energieverbrauchend. Zu ihnen zählt auch das Dopamin, das wegen seiner unangepaßten, überschießenden Eigenschaften das »schwarze Schaf« der Familie ist. Die größte Menge an Catecholaminen wird in der Nebenniere, einer kleinen, fettig aussehenden Drüse an den oberen Nierenpolen hergestellt, und zwar im Nebennierenmark im Innersten der Nebenniere. (Die Nebennierenrinde ist der Entstehungsort für weitere lebenswichtige hormonelle Botenstoffe, nämlich für Cortisol und andere Gluco- und Mineralocorticoide.)

Schon um die Jahrhundertwende gelang es, einen (adrenalinhaltigen) Extrakt aus dem Nebennierenmark zu gewinnen; und bald darauf stand Adrenalin, mittlerweile synthetisch hergestellt, als Medikament zur Verfügung. Adrenalin war zu Beginn dieses Jahrhunderts die bestwirksame Arznei für Asthmatiker, da es Bronchialspasmen löst und so die Atemwege erweitert. Dieser bronchialerweiternde Effekt ist nur eine von vielen Eigenschaften, die Adrenalin als »Streßhormon« entfalten kann.

Eine stark erhöhte Durchflutung mit Adrenalin und Noradrenalin befähigt die Säugetiere sowie die Menschen, auf bedrohliche Situationen zu reagieren. Wenn eine Katze unerwartet einem Hund gegenübersteht, dann schaffen Adrenalin und Noradrenalin die Voraussetzungen für eine rasche, überlebensnotwendige »fight-or-flight-Reaktion«: Kämpfen oder Fliehen, *beides* bedarf maximaler körperlich-geistiger Leistungsfähigkeit. Adrenalin und Noradrenalin verstärken die Muskelaktivität, die Bronchien werden erweitert und ermöglichen erhöhte Sauerstoffaufnahme, Blutdruck und Herzfrequenz steigen, um den Körper besser zu durchbluten. Als Energiespender wird u. a. vermehrt Blutzucker in Zirkulation gebracht, die Verdauungsorgane werden stillgelegt, damit nicht unnötig Energie verlorengeht.

Wachheit und Aufmerksamkeit erreichen ein Höchstmaß; alle Reaktionen laufen in nie gekannter Geschwindigkeit ab, blitzschnell schießen Überlegungen durch den Kopf: wie angreifen, wie ausweichen, Schwächen des Gegners, vergleichbare Situationen von früher, wohin fliehen... Eine solche, adrenalingetragene Krisensituation erlebt jeder von uns, ob man als Autofahrer in voller Fahrt plötzlich auf glatter Fahrbahn ins Schleudern gerät oder als Arzt jemanden wegen eines akuten Blutungsschocks behandeln muß oder ob man in einer Prüfung mit einer unvorhergesehenen, entscheidenden Frage konfrontiert wird.

Gemeinsamkeiten und Unterschiede von Adrenalin und Noradrenalin lassen sich vereinfacht folgendermaßen darstellen:

Adrenalin	Noradrenalin
Blutdruckanstieg	
bronchienerweiternd	
Unterdrückung der Verdauungstätigkeit	
Urinausscheidung vermindernd	
Fettabbau	
Stoffwechselanregend, energieverbrauchend	
Vermehrte Wachheit und Alarmbereitschaft	
Herzkraft und Puls erhöhend	Puls verlangsamend
Gefäßverengend	Erhöhte Durchblutung von Herzkranzgefäßen
Zunahme der Herzarbeit	Schweißdrüsensekretion
	Pupillenerweiterung

Vegetatives Nervensystem:

wirkt erregend auf das Sympathische Nervensystem	der wichtigste Neurotransmitter des Sympathischen Nervensystems

Im Gehirn:

als Neurotransmitter vor allem im Stammhirn stark anregend	als Neurotransmitter vor allem im Locus caeruleus
in höherer Konzentration: nervöse Unruhe, Angst	erhöhtes Bewußtsein schnelleres Denken positive Grundstimmung Verstärkung von Wahrnehmung und Gefühlen

Die Catecholamin-Konzentration im Blut schwankt erheblich und ist abhängig von der momentanen Leistung (Belastungen, Streß), der Gestimmtheit (Sorgen, Angst, Freude) und vom

Tagesrhythmus (siehe S. 53): Die Maximalwerte können ein zehn- und mehrfaches der Basisaktivität erreichen.

Pharmakologen haben die Reaktion von Adrenalin und Noradrenalin an den unterschiedlichsten Stellen des Organismus – Tränendrüse, Genital, Zwischenhirn – in zwei Transmitter-Rezeptortypen zu unterteilen versucht: Man spricht von Alpha- und Betarezeptoren. Von der Pharmaforschung wurden Substanzen entwickelt, die die Betarezeptoren blockieren (sog. Betarezeptoren-Blocker) und damit Adrenalin und Noradrenalin partiell ausschalten. Diese »Beta-Blocker« sind weit verbreitete Medikamente zur Behandlung von Bluthochdruck und vegetativen Herzbeschwerden. Doch auch Angstzustände, vor allem die sogenannte Streßangst (Prüfungsangst, Flugangst, Lampenfieber) können durch Beta-Blocker oft abgemildert werden. Dies ist ein indirekter Beweis, daß ein Zuviel an Adrenalin und Noradrenalin einen Menschen in Angst versetzen kann. Diese Angst kann durchaus auch »sinnvoll« sein, wenn sie als mahnender Appell des Gesamtorganismus verstanden wird, um permanente körperlich-seelische Überforderungen künftig abzubauen; die Einnahme von Beta-Blockern verschleiert dagegen die Situation, und man muß mit ernsthaften Nebenwirkungen rechnen. Überdies kann die adrenalin-bedingte Angst ein wenn auch unangenehmer Stimulus sein, die angstauslösende Situation zu erkennen und durch aktive Anstrengung zu überwinden.

Obwohl die Nebenniere und die Schilddrüse anatomisch gesehen weit entfernt voneinander liegen, weisen sie hinsichtlich ihrer allgemein-aktivierenden Tätigkeit durchaus Ähnlichkeiten auf. Dabei sorgen die Schilddrüsenhormone für eine längerfristige Grundaktivität, während Adrenalin und Noradrenalin von einem Augenblick zum anderen ihre Konzentration im Blut plötzlich auftretenden Situationsänderungen anpassen können.

Noradrenalin, das Hormon des Nebennierenmarks, hat aber noch zwei weitere Funktionsbereiche: Im sympathischen (eher anregenden) Teil des vegetativen Nervensystems ist Noradrenalin der hauptsächliche Botenstoff und regelt zusammen mit dem Parasympathicus die vom Willen weitgehend unabhängigen

Funktionen von Leber, Darm, Blase, Genital, Herz, Blutgefäßen, Lunge, Schweißdrüsen, Pupillen usw. Überdies ist Noradrenalin ein wichtiger exzitatorischer Botenstoff im Zentralnervensystem, obwohl nur 0,5 Prozent aller Synapsen im Gehirn das Noradrenalin als Botenstoff haben.

Diese drei Noradrenalin-Funktionen (Nebennierenhormon, Botenstoff des Sympathikus, Hirn-Neurotransmitter) werden vor allem deshalb neurophysiologisch unterschieden, weil sie im Abstand von Jahrzehnten nacheinander entdeckt wurden.

Die Bedeutung von Noradrenalin als Botenstoff im Gehirn ist erst in den letzten Jahren etwas erhellt worden. Hier – wie auch in anderen Bereichen der Transmitterforschung – war das wissenschaftliche Experimentieren der Psychopharmaka-Industrie auf der Suche nach Noradrenalin-nachahmenden, künstlich hergestellten Chemikalien tonangebend. Die körpereigene Droge Noradrenalin hat u. a. deutlich stimmungsaufhellende und psychisch stimulierende Eigenschaften – Wirkungen, die die Pharmakologen gerne mit den antidepressiven Pillen erzielen würden. (Die bislang angebotenen chemischen Antidepressiva haben zu viele gravierende Nebenwirkungen, und der stimmungshebende Effekt ist bei vielen Patienten nicht überzeugend nachweisbar, und wenn, dann nur vorübergehend.)

Die chemischen Psychostimulantien, die Amphetamine, wirken über die Freisetzung von Noradrenalin und Dopamin im gesamten Gehirn. Ursprünglich wurden sie mit dem Ziel entwickelt, Asthmatiker nicht nur mit dem bekannten Adrenalin, sondern auch mit verträglicheren, adrenalinähnlichen Substanzen behandeln zu können. Bald stellte man aber fest, daß diese neuen Anti-Asthmamittel die psychische Leistungsfähigkeit erheblich steigern, die Schläfrigkeit vertreiben und dem Ermüdeten neuen Schwung bringen. Die Noradrenalin-aktivierenden Aufputschpillen erzielten in den USA in den dreißiger und vierziger Jahren Rekordumsätze. Während des Zweiten Weltkriegs erhielten Armeeangehörige, z. B. die britischen Bomberpiloten, Amphetamine, um für pausenlose Einsätze tauglich zu sein. Auch nach dem Krieg nahmen Millionen Menschen in

Nordamerika, Europa und Japan diese das zentrale Nervensystem anregende Suchtmittel, bis diese Mittel nach und nach zunächst rezeptpflichtig und schließlich teilweise für den offiziellen Handel verboten wurden.

Schon seit dem ausgehenden 19. Jahrhundert waren stimulierende Mittel sehr populär. Natürlich kannte man damals noch nicht die biochemisch-physiologische Wirkungsweise der Stimulantien, doch jeder wußte aus eigener Erfahrung, wie angenehm ein Zustand gehobener Stimmung, voller Aktivität und geistiger Energie sein kann – nur: viel zu selten ließ sich ein solcher Idealzustand erreichen. Die stimulierende Modedroge von damals ist auch heutzutage – wenn auch mittlerweile illegal – wieder sehr verbreitet: Kokain. Inzwischen weiß man, daß Kokain und Amphetamine die Konzentration von Noradrenalin und Dopamin im Gehirn erhöhen, indem sie deren Rücktransport im synaptischen Spalt verhindern (siehe S. 139).

Einer der bekanntesten Befürworter und zugleich ein regelmäßiger Benutzer des Neurotransmitter aktivierenden Kokains war Sigmund Freud, der Begründer der Psychoanalyse; aus seiner 1884 datierten Beschreibung der Wirkungsweise von Kokain läßt sich indirekt das Potential der körpereigenen Droge Noradrenalin erkennen: ». . . die hauptsächlichste Anwendung der Coca wird wohl die bleiben, welche die Indianer seit Jahrhunderten von ihr gemacht haben: überall dort, wo es darauf ankommt, die physische Leistungsfähigkeit des Körpers für eine gegebene kurze Zeit zu erhöhen und für neue Anforderungen zu erhalten, besonders wenn äußere Verhältnisse eine der größeren Arbeit entsprechende Ruhe und Nahrungsaufnahme verhindern. So im Kriege, auf Reisen, Bergbesteigungen, Expeditionen und dergleichen, wo ja auch die Alkoholika einen allgemein anerkannten Wert haben. Die Coca ist ein weit kräftigeres und unschädlicheres Stimulans als der Alkohol und ihrer Anwendung in großem Maßstabe steht derzeit nur ihr hoher Preis im Wege.«

Ein Mangel an Noradrenalin hat Müdigkeit und Apathie, reduzierte Entschlußkraft, schlaffe Körperhaltung zur Folge;

überdies sind Blutdruck und Puls herabgesetzt. Zwei Psycho-Krankheiten werden mit zu niedrigem Noradrenalin-Spiegel in Verbindung gebracht: die Depression (bzw. das depressive Syndrom) und das hyperkinetische Syndrom bei Kindern.

Bei Tieren mit »depressivem Verhalten« wurden niedrige Noradrenalin-Spiegel gemessen. Vor allem aber ist Serotonin bei depressiven Störungen vermindert; auch Dopamin ist bei melancholischen Verstimmungen nur in unterdurchschnittlicher Konzentration vorhanden (siehe S. 141).

Hyperkinetisches Syndrom nennt man bei Kindern eine Verhaltensauffälligkeit, die mit extremer psychomotorischer Unruhe einhergeht, mit Zappeligkeit und Aggressivität. So paradox es erscheint – einige Psychostimulantien machen solche Kinder ruhiger und zugewandter. Ihre Hyperaktivität erklärt sich wohl aus der Tatsache, daß sie sich – wahrscheinlich infolge relativen Noradrenalinmangels – nicht genügend auf eine Person oder Situation konzentrieren können. Das Wissen um diese Unfähigkeit versetzt die Kinder in ungezielt suchende Unruhe. Psychostimulantien erhöhen den Noradrenalin-Spiegel und damit die Wachheit und Aufmerksamkeit; die damit behandelten Kinder können sich wieder einzelnen Personen oder Aufgaben widmen. Doch die Psychostimulantien sind keine Heilmittel; dadurch, daß sie regelmäßig genommen werden müssen, erzeugen sie Abhängigkeit und haben ernsthafte Nebenwirkungen. Überdies bringen sie Störungen in das sich entfaltende Gehirn der Heranwachsenden. Als Alternativen böten sich zum einen die Psychotherapie (vor allem Verhaltenstherapie) und zum anderen die Austestung einer Umwelt- bzw. Nahrungsmittelallergie an – als Folge werden bestimmte (z. B. phosphathaltige) Nahrungsmittel gemieden. Bekannt ist, daß einige Umweltgifte das Transmitter-System eingreifend stören. Verzichtet man beispielsweise auf phosphathaltige Nahrungsmittel, dann kann sich das Noradrenalin-Dopamin-System regenerieren, und hyperaktive Kinder werden ruhiger, konzentrierter und zärtlicher.

Die meisten Noradrenalin-Nervenzellen sind in einem winzigen Hirnkern, dem Locus caeruleus, angesammelt. Dieses Mikrozentrum, das im frischen Hirnschnitt als blauer Punkt erscheint, liegt im Stammhirn, beeinflußt bei vielen Säugetieren und beim Menschen die Willkürmotorik und nimmt auch sensible Reize von der Peripherie entgegen. Diese kleine, blaue Nervenzentrale hat also eine ähnliche Funktion wie die unvergleichlich ausgedehnteren zentralen Areale der Großhirnrinde.

Nur etwa dreitausend Nervenzellen beherbergt der Locus caeruleus, doch von jeder dieser Nervenzellen gehen unzählige reich verzweigte Fortsätze in nahezu alle Bereiche des Gehirns: zu anderen Arealen des Stammhirns, zum Hypothalamus, zum Limbischen System (wo ebenfalls hohe Noradrenalin-Konzentrationen sind) und zur Großhirnrinde. Einige Wissenschaftler nehmen an, daß die dreitausend Nervenzellen des farbigen Mikrokerns mit Hilfe ihrer zahllosen, strahlenförmig sich aufteilenden Nervenfasern mit mehreren Milliarden anderer Nervenzellen in Kontakt stehen und diese vermutlich exzitatorisch beeinflussen können.

Experimentell zeigt sich, daß alle Arten sensorischer Wahrnehmung – Sehen, Hören, Riechen, Schmecken, Berühren – die Noradrenalin-Nervenzellen im Locus caeruleus in einen Aktivitätssturm versetzen. Der anatomisch-physiologische Vorgang bei einer Wahrnehmung ist zunächst

– eine Kenntnisnahme, ein Aufnehmen unserer Umwelt oder unserer eigenen Person mit Hilfe unserer Sinnesorgane (Augen, Ohren usw.), dann
– die Weiterleitung dieser Sinneseindrücke durch Botenstoffe und Nervenleitungen, um sie schließlich
– in bestimmte Hirnareale zu projizieren, z. B. in den Locus caeruleus oder in die Großhirnrinde.

Alle Wahrnehmungen werden gefiltert und dadurch von »unwichtigen« Teilen befreit; die Wahrnehmung wird schärfer, klarer umrissen und damit verstärkt. Bei diesem Vorgang trägt der Locus caeruleus wesentlich dazu bei, die einzelnen gefilterten Wahrnehmungen jedes Augenblicks zu verstärken und die dabei entfachten Gefühle (Verbindung zum Limbischen System) zu einer Stimmung zu kombinieren, wobei die entstehende Stimmung wiederum jede weitere Wahrnehmung beeinflußt. Der Locus caeruleus teilt mittels seiner milliardenfachen neuralen Verzweigungen der Hirnrinde und anderer Hirnregionen mit, in welchem Gemütszustand der Gesamtorganismus sich jeweils befindet.

Das Noradrenalin des Locus caeruleus steuert unser Reagieren auf die äußere Wahrnehmung unserer Umwelt (Bilder, Musik, Natur) und auf die innere Wahrnehmung (z. B. wenn wir die Augen schließen und das Bild einer bestimmten Person erscheinen lassen): Wir werden freudig, deprimiert, ärgerlich usw., und entsprechend wird unser Verhalten durch Noradrenalin modifiziert.

Der Locus caeruleus ist kein autonomes Zentrum, sondern wird vielfach beeinflußt (wobei viele Wirkzusammenhänge noch unklar sind). Einen hemmenden Einfluß auf dieses von Noradrenalin beherrschte Zentrum haben offenbar Nervenfasern, die von Serotonin-Rezeptoren (bzw. Rezeptoren von Serotonin-Subtypen) ausgehen. Die Forschung über Psychedelika (LSD, Zauberpilze, Meskalin u. a.) hat hierzu in den letzten Jahren aufschlußreiche Ergebnisse vorgelegt: Die Psychedelika blockieren den hemmenden Serotonin-Einfluß auf den Locus caeruleus; dadurch flammt die Noradrenalin-Aktivität auf, und es resultiert eine gesteigerte Wachheit und Wahrnehmungsschärfe. Darüber hinaus haben die meisten Psychedelika in ihrem chemischen Aufbau eine verblüffende Ähnlichkeit mit dem Noradrenalin-, Dopamin- und Serotonin-Molekül und können dadurch im gesamten Hirn entweder die exzitatorische Wirkung an Noradrenalin- und Dopamin-Rezeptoren direkt nachahmen oder aber durch eine Blockade der Serotonin-Rezeptoren den hemmenden Einfluß von Serotonin beseitigen und so indirekt Noradrenalin und Dopamin stimulieren.

Die »Zauberdrogen« LSD und Meskalin ermöglichen intensivste Wahrnehmungen, (alp-) traumähnliche Erlebnisse (trotz maximaler Wachheit), Visionen, kosmische Gefühle. Die überdurchschnittliche Wachheit entsteht durch eine Mobilisierung des Noradrenalin-Systems; das Irreal-Anmutende, Kosmisch-Visionäre ist auf die Aktivierung der Dopamin-Moleküle zurückzuführen. Der renommierte Pharmakologe S. H. Snyder schreibt über die LSD-bedingte Freisetzung von Noradrenalin: »Der extrem hohe Wachheitsgrad ist möglicherweise für den ›transzendentalen‹ geistigen Zustand verantwortlich, den Psychedelika hervorrufen. Anders ausgedrückt: Dem Wirkstoffkonsumenten kann in solch einem überwachen Zustand ein ›inneres Ich‹ bewußt werden, zu dem er normalerweise keinen Zugang hat... Die Psychedelika-Forschung läßt außerdem vermuten, daß die erstaunliche Empfindung, mit dem Universum eins zu sein, wie sie von Psychedelika hervorgerufen wird, eine Überaktivierung des Locus caeruleus widerspiegelt, die die Schranken zwischen dem Ich und dem Nicht-Ich zusammenstürzen läßt. Der Locus caeruleus mag – indem er den Grad unserer Wachheit unter normalen Umständen beeinflußt – ganz entscheidend über das bestimmen, was Psychologen das Ego nennen: das Bewußtsein eines jeden Menschen, eine eigenständige Person zu sein, losgelöst von allen anderen und allein dem Universum gegenübertretend.« Ähnliche Wirkungen wie mit den exogenen »Zauberdrogen« lassen sich auch mit den körpereigenen Drogen erzielen.

Zur Mobilisierung der körpereigenen allgemein stimulierenden Adrenalin- und Noradrenalin-Drogen eignen sich mehrere Techniken bzw. Vorgehensweisen:

- Schlafentzug: Nach einer auf angenehme Weise durchwachten Nacht ist der Noradrenalin-Spiegel nachgewiesenermaßen erhöht. Nicht umsonst ist dies eine altbekannte Möglichkeit zur Behandlung depressiver Beschwerden.
- Aktives Imaginieren
- Ausagieren von Stimmungen
- Längerdauernde Extrembelastungen (z. B. Steilwandklettern)
- Entdecken des individuellen Biorhythmus
- Brainstorming
- Reizüberflutung

Ruhig und angstfrei – das körpereigene Valium

Nach der Entdeckung der Opiatrezeptoren wurde die Überlegung angestellt, ob das menschliche Gehirn von Natur aus so ausgestattet ist, daß es hochspezifisch auf die glücklichmachenden Moleküle der Mohnpflanze reagieren kann. Ein solches symbioseähnliches Zusammenwirken zwischen homo sapiens und Papaver somniferum wäre keineswegs absurd, hat doch der menschliche Körper tatsächlich spezielle Rezeptoren für bestimmte Stoffe, die wir mit unserer Nahrung zu uns nehmen: Kalzium- und andere Ionen, einige Aminosäuren, usw.

Als 1977/78 ein Forscherteam der Pharmafirma La Roche im Gehirn des Menschen Valium-Rezeptoren fand, schien die Frage zunächst absurd: Ist bereits jedes Baby mit Rezeptoren ausgerüstet, die mit Valium, der berühmtesten Arznei, ankoppeln können? Oder ist das millionenfach geschluckte Valium einem natürlichen Stoff sehr ähnlich?

Valium erbrachte Jahr für Jahr allein in den USA viele hundert Millionen Dollar an Umsatz. Im Jahre 1975 wurden, wiederum in den USA, über 100 Millionen Valium- oder vergleichbare Benzodiazepin-Rezepte in den Apotheken eingelöst. 15 bis 20 Prozent der Bürger in den Industrienationen nehmen regelmäßig Tranquilizer, also Valium und vergleichbare Substanzen.

Nicht in erster Linie die illegalen Drogen wie Haschisch, Kokain oder Heroin setzen unsere Gesellschaft lahm, sondern die betäubenden, tonnenweise konsumierten legalen Drogen: man denke an die Droge Alkohol, aber auch an die Tranquilizer, die beruhigen, angstfrei, zufrieden und ignorant-gelassen machen. Die milliardenschweren Gewinne der Pharmaindustrie würden auf ein klägliches Maß schrumpfen, wenn jeder Mensch sich bewußt wäre, daß er selbst – gewissermaßen kostenlos – in seinem Körper valiumähnliche, körpereigene Drogen mobilisieren kann.

Das chemisch synthetisierte Valium (Diazepam) ist der bekannteste Vertreter der Benzodiazepine, der wichtigsten Tranquilizer-Gruppe. Mehr als dreißig unterschiedliche Benzodiazepin-Präparate sind außer Valium auf dem Markt (z. B. Adumbran, Lexotanil). Das chemische Valium der Firma La Roche hat offenbar ein weitgehend oder völlig identisches Wirkungsprofil wie das »körpereigene Valium«, das in Anlehnung an den Begriff Endorphine gelegentlich auch Endovalium genannt wird.

Die wichtigsten Eigenschaften von
a) künstlich hergestelltem Valium und
b) körpereigenem Valium sind:
- beruhigend-hemmende Effekte auf das Limbische System und den Thalamus, die entscheidende Schaltstelle im Gehirn für die Weiterleitung von Umweltreizen an die Großhirnrinde
- antiaggressiv, emotional beruhigend bis dämpfend, verlangsamend. Bei Müdigkeit stark schlaffördernd
- antidepressiv, stimmungsaufhellend. Alles wird wie durch einen angenehmen Schleier gesehen, Widersprüche verschwimmen, vormals quälende Konflikte werden belanglos, das Leben wird freundlicher und leichter
- ausgeprägt angstlösende Effekte. Mit den chemischen Benzodiazepinen (auch Anxiolytika oder Angstlöser genannt) lassen sich sowohl Alltagsängste (z. B. Prüfungsangst) als auch sog. psychotische Angstzustände lösen und beruhigen
- die Entstehung von cerebralen Krampfanfällen (z. B. Epilepsie) wird verhindert
- allgemeine Entspannung, vor allem auch der Willkürmuskulatur
- innere Harmonie für das vegetative (sympathische und parasympathische) Nervensystem

Wie alle angenehm wirkenden Drogen (Alkohol, Nikotin, Droge Fernsehen, Droge Arbeit) kann man auch vom chemischen Valium und seinen Benzodiazepin-Verwandten psychisch und/oder körperlich abhängig werden (eine Abhängigkeit läßt sich aber bei korrekter Anwendung vermeiden). Im Vergleich zu anderen chemischen Psychopharmaka (Neuroleptika, Antidepressiva) zeigen Benzodiazepine unvergleichlich weniger Nebenwirkungen; dies liegt daran, daß die chemischen Harmoniepillen – unter anderem Valium – offensichtlich große Ähnlichkeit mit den entsprechenden körpereigenen Transmittern haben. In niedriger Dosierung ahmt Valium die Wirkungen der körpereigenen Beruhigungsdrogen nach, ähnlich wie Morphium im Körper ungefähr gleiches tut wie die Endorphine.

Die Mobilisierung unseres eigenen Endovaliums unterliegt der körpereigenen »Drogenkontrolle«, es flutet nur bei Bedarf zu den Nervenzellen und wird dann gleich wieder abgebaut. Das künstliche exogene Valium dagegen kann sehr unkontrolliert eingenommen werden, bei jeder vermeintlich belastenden Situation und in beliebig hoher Dosierung. (Überdies wird das synthetische Valium im Körper sehr langsam abgebaut; nach einer einzigen Valiumpille sind die Wirkstoffe nach zwanzig bis vierzig Stunden noch im Blut nachweisbar.) Lebensumstände, die an sich unerträglich sind, die tatsächlich Angst und Unruhe erzeugen, werden durch Tranquilizer künstlich erträglich gemacht und so indirekt festgeschrieben. Leidet jemand unter Angstgefühlen, so kann dies ein wichtiges Warnsignal und eine Aufforderung sein, nach der Ursache der Angst zu suchen. Nimmt man aber einen angstlösenden Tranquilizer, verschwindet die Angst, das Warnsignal vergeht, die Ursache aber bleibt.

In den pharmazeutischen Labors wurden und werden mehrere tausend Benzodiazepin-ähnliche Tranquilizer entwickelt und an Tieren, oft auch am Menschen, getestet (doch letztendlich kommen nur wenige Präparate auf den Markt). Die pharmakologischen, quälenden Tests an Tieren zeigen, welche antiaggressiven, fügig und gleichgültig machenden Potenzen in den Benzodiazepinen stecken – Möglichkeiten, über die auch unsere körpereigenen Tranquilizer-Drogen verfügen. Um den zähmenden Effekt an Mäusen, Katzen oder Schimpansen zu testen, werden die Tiere in einen gläsernen Käfig gesperrt, dessen Boden aus elektrisch geladenen Metallstäben besteht. Normalerweise reagieren die Tiere panisch mit verzweifelten Sprüngen, um den Stromschlägen zu entkommen, und werden aggressiv gegen die Testvollstrecker. Werden die Tiere entsprechend hoch dosiert ruhiggestellt, schwindet ihre Aggression, und sie lassen die Elektroschläge über sich ergehen. Wie sehr Benzodiazepine die individuellen charakteristischen Besonderheiten eines Tieres oder Menschen zum Abflachen bringen können, zeigt folgende Schilderung von L. Sternbach, dem Erfinder des Tranquilizers Librium (einem Vorläufer des Valiums): »Da unser ›Medical Director‹ gute Verbindungen zum Zoo in San Diego in Kalifornien hatte, wurde die Droge auch dort an wilden Tieren geprüft. Dabei erwies sich ebenfalls die außerordentliche Aktivität der Substanz: Ein sonst sehr aggressiver bengalischer Tiger, der erst kurze Zeit im Zoo war, wurde so gezähmt, daß er ganz unbehelligt berührt werden konnte. Dabei wurde ihm auch eine Blume ins Maul gesteckt, und das wurde fotografiert.«

Diese Tierversuche sind indirekt auf den Menschen mit seinen körpereigenen Tranquilizern übertragbar: Ist ein Mensch anhaltend einer äußerst widrigen, quälenden Situation ausgesetzt (z. B. ständiger negativer Streß am Arbeitsplatz mit Dauerkontrolle und Erniedrigung oder familiärer Terror), dann ist Überleben nur möglich, indem der Körper mit maximalen Mengen der körpereigenen vernebelnd-beruhigenden Antistreß-Drogen, dem Endovalium (und zusätzlich mit Endorphinen), das Gehirn betäubt. Resultat ist eine durch körpereigene Drogen induzierte unterwürfig-freundliche Gleichgültigkeit, eine heitere, fast schon alberne Gelassenheit. Sogar körpereigene Drogen können also die Persönlichkeit abflachen, wenn sie widernatürlich, durch extrem belastende Umstände langzeitig in maximalen Konzentrationen das Gehirn überschwemmen. Aber zum Ausgleich alltäglicher Belastungen ist das körpereigene Tranquilizersystem eine segensreiche Einrichtung, und es hilft uns, wenn wir psychisch entspannen, innere Harmonie und Wohlbefinden spüren, in einen meditativen Zustand oder in Trance versinken.

Das körpereigene Valium ist mit einem anderen Botenmolekül in enger Gemeinschaft verbunden: GABA, chemisch gesehen eine Säure, Gamma-Aminobuttersäure. Über GABA wissen die Biochemiker mehr als über das körpereigene Endovalium. An sich ist GABA ein pflanzlicher Naturstoff, doch der menschliche Körper baut ihn selbst aus Vorstufen zusammen. GABA, der bedeutendste ruhestiftende Botenstoff, hat einen außerordentlichen Einfluß auf das gesamte Gehirn und Rückenmark: an mindestens einem Drittel aller informationsübertragender Synapsen wirkt GABA beschwichtigend, indem sie – wie die Biochemiker sagen – als hemmender Neurotransmitter die Erregbarkeit der Nervenzellen vermindert. Am Ort ihres Wirkens, den Rezeptoren, bilden GABA und das Endovalium eine enge Funktionsgemeinschaft: Sie überbringen ihre sedierende Botschaft im selben Rezeptorgebilde (an der Oberfläche der Nervenzellen), sie betreten aber dabei gewissermaßen zwei getrennte Räume.

GABA und Endovalium beruhigen die Nervenzellen mit Hilfe von Chlorid-Ionen (einem Bestandteil des Kochsalzes): unter dem Einfluß der Botenstoffe strömen Chlorid-Ionen ins Innere der Nervenzellen, erzeugen dort eine Hyperpolarisation und reduzieren damit die nervale Erregbarkeit.

Man kann sich den kombinierten GABA/Endovalium-Rezeptor räumlich gesehen wie einen biochemischen Schließmuskel vorstellen, in dessen Mitte ein Öffnungskanal für Chlorid-Ionen ist.

Wahrscheinlich sind in diesem mehrdimensionalen Mammut-Rezeptor noch weitere kleine Subrezeptoren enthalten (z. B. sog. Convulsiva-Rezeptoren, die verhindern, daß sich die im Gehirn ständig kreisenden elektrischen Nervenerregungen zu einem epileptischen Krampfanfall entladen).

Unterschiedlich stark bevölkern GABA/Endovalium-Rezeptoren das gesamte Zentralnervensystem; besonders dicht sind sie im Stammhirn, in der Klein- und Großhirnrinde (hier vor allem im persönlichkeitsprägenden Stirnhirn) und im Limbischen System, dem Zentrum für Emotionen und Lust. Alkohol und starke Schlafmittel (u. a. Barbiturate) erreichen ebenfalls die

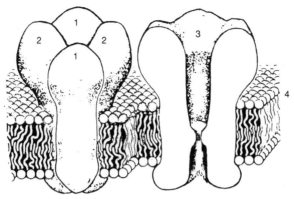

1 *Endovalium-Rezeptor,* 2 *GABA-Rezeptor,* 3 *Chlorid-Kanälchen,* 4 *Äußere Oberfläche einer Nervenzelle (nach W. Haefely)*

GABA/Endovalium-Rezeptoren und dämpfen die entsprechenden Funktionen: Die alkoholisch gedämpfte Großhirnrinde vermindert die intellektuelle Leistungsfähigkeit, und das Kleinhirn verursacht aus demselben Grund die trunkenheitsbedingten Gleichgewichtsstörungen und den schwankenden Gang.

Aus biochemischer Sicht beherrschen die GABA/Endovalium-Rezeptoren die Pharmaforschung der siebziger Jahre: Man suchte nach Beruhigungsmitteln, die nicht müde machen, nach besseren Antiepilepsiemitteln, nach anderen angstlösenden Substanzen (Anxiolytika), aber auch – absurderweise – nach Stoffen, die panikartige Angst erzeugen (Panikpillen).

Das Forschungsinteresse ist marktwirtschaftlich begründet. In einigen Staaten führen Valium, Adumbran und die anderen Tranquilizer die Hitliste der meistverkauften Medikamente an. Hinzu kommen milliardenschwere Aufträge aus dem Militär- und Zivilschutzsektor. Katastrophenschutzbeauftragte haben sogar den Plan ersonnen, in Notstandssituationen Tranquilizer dem Trinkwasser beizumischen, um die Bevölkerung ruhigzustellen.

In den letzten Jahren wurde wiederholt von skandalösen Forschungen in Psychiatrischen Kliniken berichtet. An zahlreichen, angeblich freiwilligen Versuchspersonen wurden (im Auftrag von Militär- und Zivilschutzeinrichtungen) Wirkstoffe erprobt, die entsetzliche Angst und unbeschreibliche Panik erzeugten. Den durch »Panikpillen« in einen Schreckenszustand versetzten Personen wurden anschließend Tranquilizer und Anxiolytika verabreicht, um die Wirksamkeit der neuen Mittel zu testen.

Von den beruhigenden GABA/Endovalium-Rezeptoren im menschlichen Körper her ist bekannt, daß schon eine geringe Hemmung ausreicht, um Angst entstehen zu lassen, gefolgt von einer quälenden inneren Unruhe, einer paranoid-bedrohlichen Panik. Unter rasendem Puls, exzessiv erhöhtem Blutdruck erstarren allmählich alle Bewegungen. Bleibt diese Starre (Katatonie) bestehen, führt sie zum Tod.

In den oben genannten »Panikpillen«-Experimenten testete man nicht nur die Wirksamkeit der erlösenden Tranquilizer, sondern auch die panikauslösenden Pillen selbst. Panikpillen, chemisch oft Carbolin-Derivate, haben potentiell die Eigenschaften von Kampf- und Vernichtungsstoffen, indem sie einen Menschen in rasende Angst und schließlich in den Tod treiben können.

Bedenken entstehen auch, wenn man in wissenschaftlichen Untersuchungen liest, daß man embryonalen Tieren eine chemische Zubereitung mit DNS-Molekülen (auf denen bekanntermaßen alle Erbinformationen gespeichert sind) injiziert, wobei die DNS vorher so modifiziert wurde, daß sie am Ort ihres neuen Wirkens (im Körper des Embryos) voll funktionstüchtige GABA/Endovalium-Rezeptoren synthetisieren kann. Würde man dieses Modell auf den Menschen übertragen, so ließen sich gentechnologisch die menschlichen Embryos noch im Mutterleib so klonieren, daß später heiter-untergebene, gelassene Charaktere entstehen.

Mit der Entdeckung der GABA/Endovalium-Rezeptoren setzte die Suche nach dem körpereigenen Valium ein, nach den »endogenen Liganden«, wie es in der Sprache der Biochemiker heißt. Die »endogenen Valiummoleküle« müssen keineswegs die gleiche chemische Struktur haben wie das synthetische Valium von La Roche. Es gibt Hinweise auf verschiedene Neuropeptide, die valiumähnlich wirken. Die erstaunlichen, jüngsten Berichte des Biochemikers J. Wildmann zeigen, daß sich im Gehirn und in anderen Organen von Menschen und Tieren mehrere verschiedene Benzodiazepine in winzigen Mengen nachweisen lassen, so auch das Diazepam, also Valium. Fraglich ist, wo das körpereigene Valium entsteht, von welchen Zellen es gebildet wird. Da überraschenderweise Valium sogar in einigen Pflanzen nachweisbar ist, wäre es sogar denkbar, daß das körpereigene Valium ganz oder teilweise mit der Nahrung (wie zum Beispiel auch die Vitamine) aufgenommen und dann im Körper zubereitet und gespeichert wird – eine Absurdität, wenn sich zeigen sollte, daß Valium, das Sinnbild chemischer Psychopharmaka, primär kein chemisches Kunstprodukt, sondern ein pflanzliches Mittel wäre.

Die körpereigenen Entspannungs- und Glücksmoleküle des Endovaliums lassen sich wie kaum eine andere körpereigene Droge auf relativ einfache Weise mobilisieren:

– Einige Entspannungsübungen regen heftig die Anflutung von Endovalium-Molekülen an, so z. B. die Progressive Muskelentspannung nach Jacobsen, die tiefenpsychologisch orientierte Funktionelle Entspannung (von Marianne Fuchs) oder das allseits bekannte Autogene Training. Einige auf Entspannung gerichtete Meditationstechniken, einige Yoga-Übungen oder die Eutonie (von Gerda Alexander) wirken vergleichbar.
– Meditative Atemübungen
– Tagtraum-Technik
– Selbsthypnose, Trance
– Anspannungs-/Entspannungsübungen im Wechsel
– Das vegetative Nervensystem im Wechsel stimulieren, dann beruhigen (bestimmte Atemübungen, Selbstmassage-Techniken, Hydrotherapie)
– Aktives Imaginieren.

Die körpereigenen Psychedelika

Extreme Abstinenz, eremitische Isoliertheit und Verzicht auf Schlaf schärfen die Sensibilität der eigenen Wahrnehmungen und Gedanken.

Der Philosoph und Psychologe I. Scopin fastete drei Wochen lang und verzichtete schließlich drei Tage und drei Nächte auf den Schlaf:

»Der Strom fließt in wahnsinniger Geschwindigkeit, so schnell wie der Wind, nach links, nach rechts, flußaufwärts, flußabwärts, gleichzeitig in beide Richtungen. Und der Fluß erhebt sich wie eine Mauer, eine gigantisch-sphärische Mauer, aus rasend strömendem Wasser.

Durchsichtig. Die Strömungen sind hörbar. Hellklängig. Menschengesänge darunter? Vielstimmiges Wehgeschrei? Eine Mauer von Tränen? Ich habe Angst, Angst vor dem Ertrinken in der Tränenmauer. Ich bin außerhalb meines Körpers und sehe mich. Ich beobachte genau. Endlos langsam nähere ich mich dem Haus (oder wer nähert sich? Bin ich nicht ich, sondern zwei andere?) – da merke ich, ich bewege mich in einer schalenähnlichen Sphäre, die wie ein breiter, dicker Ring das einige Kilometer entfernte Dorf umschließt. Sphärische Ringe um das Dorf, wie die sphärischen Bahnen der Planeten, nur kleiner. Mehrere Kilometer der Radius. In dieser ringförmigen Sphäre bewege ich mich, in dieser Sphäre lebe ich. In dieser Sphäre leben noch ein paar andere Menschen. Dieselbe Sphäre, und hier ist auch mein Haus, mein Weg, andere Häuser... Jetzt weiß ich es: die Welt, in der wir leben, ist aus ringförmigen Sphären aufgebaut, so wie die sphärischen Bahnen der Planeten. Nicht linear bewegt sich der Mensch fort, sondern in der Krümmung seiner Sphärenbahn. Energiegeladen sind die sphärischen Bahnen, wer sich darin bewegt, braucht keine Nahrung. Auch ich selbst bin mit meinem Körper sphärisch gewölbt, unter anderem der Kopf und die Beine sind flach, sehr langgestreckt, der Rundung der Sphäre angepaßt. So sind all meine Bewegungen auch wie dickflüssig, langsam...

Der Kosmos gibt mir recht. Mittlerweile Nacht. Die Sterne am Himmel, alle Sterne, stehen nicht still, sie rasen. Rasen in Blitzgeschwindigkeit, hellichtig in ihren Bahnen. Kreisend rasende Sterne. Im Zentrum von einigen dieser Bahnen ist meine Bahn. Konzentrische Sphären. So ist es. Eine Erleuchtung wie ein Feuer. Und inmitten von sphärischen Kreisen ist ein großes Zentrum der Ruhe. Dort ist Frieden ohne Bewegung. Noch bewege ich mich in meiner Sphäre. Ich habe Angst, rennender Puls, Schweiß, bin dennoch erleichtert, fast fröhlich...«

Hier wird kein durch exogene Drogen bedingtes Rauscherlebnis geschildert, sondern ein tranceartiges Erleben, das Scopin durch Fasten, Dursten, Schlafentzug und Za-Zen-ähnlichem meditativen Sitzen erreicht hat. Es gibt viele vergleichbare, bizarr klingende Erfahrungen über außergewöhnliche Bewußtseinszustände, doch die meisten gehen auf den Einfluß psychedelischer Drogen (auch Halluzinogene genannt) zurück, die als Tabletten oder Injektionen – als Trips – zugeführt werden. Eine der bekanntesten Schilderungen ist die des Schriftstellers Aldous Huxley, der in »Die Pforten der Wahrnehmung« seine Stunden dauernden psychedelischen Erlebnisse während eines Rauschzustandes unter dem Einfluß von Meskalin (einem pflanzlichen Psychedelikum) widergibt.

Die Wirkungen von exogenen psychedelischen Drogen und die Folgen eines tranceartigen Grenzzustandes ohne exogene Drogen sind ähnlich. Einige Psychedelika sind uralte Zauberpflanzen, die von Schamanen, Naturpriestern, Magiern und Hexen bei zeremoniellen Heilbehandlungen, religiösen Feiern oder auf der Suche nach Erleuchtung benutzt wurden.

Ähnlich alt ist das Wissen, daß auch ohne exogene Drogen durch bestimmte Rituale, durch körperlich-geistige Züchtigungen und Übungen sich außergewöhnliche Bewußtseinszustände erreichen lassen.

Einige Künstler versetzen sich durch psychedelische Drogen in eine Welt des künstlichen Wahnsinns, in eine Traumwelt. Künstlerische Kreativität braucht »meditative und halluzinative Fähigkeiten« (Max Ernst). Kreative Visionen und halluzinogenes Erleben lassen sich durch exogene Psychedelika leichter und bequemer herbeiführen als durch anstrengend körperlich-psychische Übungen. Psychedelische Drogen eröffnen einen künstlichen Zugang zu einer völlig anders erlebten Welt, in der bislang unbekannte Bilder und Empfindungen mit großer Intensität auf den Menschen einströmen. Dabei können unterschiedliche Sinneswahrnehmungen verschmelzen oder synästhetisch erzeugt werden: Musik wird als Farbe, Gerüche werden als Töne wahrgenommen, Raum und Zeit sind beliebig dehnbar, Vergangenheit und Gegenwart gehen ineinander über. Menschen erscheinen verzerrt mit Fratzengesichtern oder visionär entrückt. Alltagsgegenstände haben plötzlich eine magische Ausstrahlung. Vorhandene Stimmungen verstärken sich, Traurigkeit wird zur Selbstqual, Optimismus verstärkt sich zu Allmachtsgefühlen, so daß einige sogar glauben, fliegen zu können.

Es gibt mehrere seit alters her bekannte pflanzliche Psychedelika wie Meskalin (aus dem mexikanischen Peyote-Kaktus), Psilocybin (aus dem Temonannacatl-Pilz, dem »mexikanischen Zauberpilz«), Harmin (aus der Steppenraute), Ibotensäure (aus dem Fliegenpilz), Muskatnuß.

Das weitaus bekannteste chemische Psychedelikum ist LSD, das Mitte der sechziger Jahre von der rebellierenden, experimentierfreudigen »Flower-power-Generation« aufgegriffen wurde und ganz wesentlich die lebenskünstlerische Kultur jener Zeit mitprägte. Die wahrnehmungs- und bewußtseinserweiternde LSD-Reise in das Universum der eigenen Seele stillte die Sehnsucht nach innerer und äußerer Freiheit und symbolisierte die Abkehr von materialistischen und traditionellen Denkschemata.

Lysergsäure-diathyl-amid-25, kurz LSD genannt, verändert und erweitert alle Sinneswahrnehmungen und das erkennende Erfahren. Einen Eindruck hiervon gibt die Schilderung des ersten LSD-Selbstversuchs von A. Hofmann, dem Entdecker dieses Psychedelikums: »Meine Umgebung hatte sich nun in beängstigender Weise verwandelt. Alles im Raum drehte sich, und die vertrauten Gegenstände und Möbelstücke nahmen groteske, meist bedrohliche Formen an. Sie waren in dauernder

Bewegung, wie belebt, wie von innerer Unruhe erfüllt... Schlimmer als diese Verwandlungen der Außenwelt ins Groteske waren die Veränderungen, die ich in mir selbst, an meinem inneren Wesen verspürte. Alle Anstrengungen meines Willens, den Zerfall der äußeren Welt und die Auflösung meines Ich aufzuhalten, schienen vergeblich... Besonders merkwürdig war, wie alle akustischen Wahrnehmungen, etwa das Geräusch einer Türklinke oder eines vorbeifahrenden Autos, sich in optische Empfindungen verwandelten. Jeder Laut erzeugte ein in Form und Farbe entsprechendes, lebendig wechselndes Bild... Die Welt war wie neu erschaffen. Alle meine Sinne schwangen in einem Zustand höchster Empfindlichkeit, der noch den ganzen Tag anhielt.«

Die LSD-Dosis, die A. Hofmann in seinem Selbstversuch benutzte, war sehr hoch. Für eine LSD-bedingte tiefgreifende Veränderung der inneren und äußeren Welt reicht eine extrem winzige Menge: 0,0005 Gramm. Bis zur Entdeckung des LSD war keine psychisch aktive Substanz bekannt, die bei so ungewöhnlich niedriger Dosierung derartig psycho-revolutionäre Wirkungen zeigte. Wegen der hohen Wirksamkeit bei allerkleinster Dosis vermuteten schon damals Biochemiker, daß das LSD im menschlichen Gehirn hochspezifische Rezeptoren aufsucht; so kann gewissermaßen jedes einzelne LSD-Molekül volle Effekte entfalten.

Kaum bekannt ist, daß LSD jahrelang von der Firma Sandoz als Medikament (unter dem Namen Delysid) vertrieben wurde. Auf dem damaligen Beipackzettel werden die Anwendung in der Psychotherapie sowie psychiatrische Selbstversuche empfohlen. Als Indikationen werden angegeben: »a) zur seelischen Auflockerung bei analytischer Psychotherapie, besonders bei Angst- und Zwangsneurosen; b) experimentelle Untersuchungen über das Wesen der Psychosen: Delysid vermittelt dem Arzt im Selbstversuch einen Einblick in die Ideenwelt des Geisteskranken und ermöglicht durch kurze Modellpsychosen bei normalen Versuchspersonen das Studium pathogenetischer Probleme...«

Die andersartigen Wahrnehmungen und Erlebnisse während

eines LSD-induzierten außergewöhnlichen Bewußtseinszustandes werden nicht von der Droge künstlich geschaffen, sondern sind bisher unbekannte Teile der eigenen Persönlichkeit oder verborgene Aspekte der individuellen Umgebung. Der Psychotherapeut Stanislaw Grof hat etwa 4000mal LSD bei Psychotherapie-Sitzungen verwendet: »Sehr wichtig ist, daß jede der Erfahrungen, die unter LSD auftreten, auch ohne LSD möglich ist. Ich möchte noch einmal betonen: LSD ist ein Katalysator, es ist keine Drogenerfahrung, sondern ist eine Erfahrung des Selbst... Die Grundidee ist also, daß es zwei Hauptformen des Bewußtseins gibt. In der einen nehmen wir uns als biologische Maschinen wahr, wir nehmen eine Welt getrennter Objekte wahr. In der anderen Verfassung des Bewußtseins, die ich holonomisch nenne, sehen wir uns selbst im Universum als einer Art von völlig einheitlichem Geflecht von Bewußtseinsereignissen. Die praktische Folgerung daraus wäre, daß wir diese beiden Formen anerkennen...«

Grof und andere LSD-Experten vertreten die Überzeugung, daß sich vergleichbare außergewöhnliche Bewußtseinszustände auch ohne LSD oder vergleichbare Drogen erreichen lassen. Der Entdecker des LSD, der schon zitierte A. Hofmann, hat sich ausführlich über philosophische und religiöse Gesichtspunkte außergewöhnlicher Bewußtseinszustände geäußert und zu einem bedachtsam würdevollen Umgang mit LSD geraten.

»LSD hat nur einen Sinn, wenn es als sakrale Droge genommen wird. Es hat keinen Sinn, wenn man sie als Genußmittel nimmt oder glaubt, damit irgendwie weiterzukommen. Es muß im Zusammenhang mit einer psychischen Vorbereitung stehen, wie etwa bei den alten Mysterienkulten, wo bis zur letzten erleuchtenden Sitzung, wenn man den heiligen Trank bekam, vorbereitende Handlungen gemacht wurden... Das Erlebnis des Einsseins wird heute als heilendes Grundelement in die psychiatrische Praxis eingebaut. Ich denke da an Yoga- und Meditationspraktiken sowie an autogenes Training, wo ohne Drogen ein Ganzheitserlebnis angestrebt wird.«

Einen vergleichbaren Zustand wie unter LSD erfährt letztendlich jeder im Traum. Wer die Welt des Traumes betritt, der verläßt die vertraute »Existenz in der Realität« und nimmt eine andere Form der Existenz an. Der Mensch ist imstande, wenigstens zwei verschiedene Formen der Existenz anzunehmen: die »Existenz der Realität« und die »Existenz im Traum«. Dieser Art der Betrachtung begegnet man in verschiedenen Kulturen, in östlichen und westlichen Philosophien. Auch einige Freudianer deuteten an, daß es verschiedene Formen des Daseins gibt. Deutlicher noch wird C. G. Jung, der von der »Existenz zweier ›Subjekte‹ in sich oder, allgemeiner ausgedrückt, zweier Persönlichkeiten innerhalb desselben Individuums« spricht. Der Schweizer Psychoanalytiker M. Boss sieht im Träumen eine »andere Art des Seins«.

Nochmals Grof: »Es gab eine Tendenz, die mystischen, transpersonalen, psychedelischen Zustände als eine Art von verzerrter, entstellter Version dessen zu interpretieren, was im Alltagsbewußtsein geschieht. Zum Beispiel Träume: man hat sie als eine Art von Derivat des alltäglichen Bewußtseinszustandes betrachtet, eine Ableitung, die ganz bestimmten Mechanismen folgt. Ich glaube aber vielmehr, daß dies Ebenen in der Wirklichkeit sind, die eigenständig existieren. Sie sind nicht aus dem zu erklären, was wir in der Alltagswirklichkeit erfahren.«

Neurophysiologische Untersuchungen weisen in eine ähnliche Richtung; während der beispielsweise durch Psychedelika induzierten Bewußtseinserweiterungen wird offenbar die Aktivität der Großhirnrinde in eine Funktionsebene gehoben, die auch während des Traumschlafes (REM-Schlafes) spontan entsteht.

Man kann davon ausgehen, daß das menschliche Gehirn eigene LSD-ähnliche Moleküle produziert, die dann ihre transzendentalen Fähigkeiten nicht nur an spezifischen endogenen LSD-Rezeptoren entfalten, sondern auch andere Rezeptoren aufsuchen. Für ein anderes Psychedelikum, das dem LSD ähnlich ist, wurden bereits körpereigene Rezeptoren entdeckt: Im Mittelhirn und im Limbischen System sind spezifische PCP-(Delta)-Rezeptoren, die sich von diesem Psychedelikum erregen lassen; bekannter ist PCP (Phenylcyclidin) unter dem poetischen Namen »angel dust« oder »crystal joint«. Auch wenn die Analyse der körpereigenen PCP-ähnlichen Drogen (Biochemiker sprechen von endogenen Liganden) noch aussteht, weisen die identifizierten Rezeptoren darauf hin, daß es sie gibt.

LSD hat eine frappierende chemische Ähnlichkeit mit den Botenstoffen Noradrenalin, Dopamin und Serotonin. Das exogene LSD und in ähnlicher Weise wohl auch endogene, LSD-ähnliche Moleküle hemmen den eher dämpfenden Einfluß von Serotonin (durch eine Blockade der Serotonin-Rezeptoren); darüber hinaus lassen sie (wie bereits auf Seite 112 erwähnt) die Noradrenalin- und Dopamin-Konzentration im Blut massiv in die Höhe schnellen. Hyperkonzentrationen von Noradrenalin sorgen für die extrem hohe Wachheit während eines außergewöhnlichen Bewußtseinszustandes, und das Übermaß an Dopamin bereitet den Boden für mystisch-phantastische Wahrnehmungen. Einige Neurophysiologen erklären die traumähnlichen Wahrnehmungserweiterungen damit, daß exogene und endogene Psychedelika direkt auf sensorische Neuronen Einfluß nehmen (auf die Nervenzellen, die unsere Sinnesbotschaften wie Sehen, Hören, Berühren, Schmecken und Riechen in das Gehirn weiterleiten). Diese sensorischen Nervenbahnen ziehen dann zu Zentren (Sehzentren, Hörzentren usw.), die nicht nur im Großhirn, sondern auch subkortikal, im Zwischen- und im Stammhirn und im bereits erwähnten Locus caeruleus liegen.

Exogene und endogene Psychedelika bedienen sich offenbar zahlreicher neuronaler Strukturen (sensorischer Neuronen, durch Serotonin beeinflußter chemischer Neuronen usw.), um diesen Ort der elementaren Wahrnehmungsverarbeitung zu beeinflussen. Der Biochemiker G. Aghajanian wies in Tierversuchen nach, daß starke visuelle oder akustische Eindrücke den Locus caeruleus erheblich reizen; danach geht eine Flut von Impulsen durch das Nachrichtennetz, das den Locus caeruleus mit allen anderen Hirnregionen verbindet. Durch Psychedelika können die Aktivitäten des Locus caeruleus und damit die von ihm ausgehenden Nachrichten gesteigert werden.

Mehr noch als starke sensorische Reize kann eine extreme Reizüberflutung (z. B. rituelle Tänze zu rhythmischer Musik), ohne die Einnahme exogener psychedelischer Drogen, zu einem außergewöhnlichen Bewußtseinszustand führen. Aber auch das Gegenteil, absoluter Reizentzug, kann das gleiche bewirken – Psychologen sprechen dann von »sensorischer« oder »perzeptiver Deprivation«.

Wenn es in der Bibel heißt, daß ein Prophet oder ein Stammesältester sich in die Wüste zurückzog, um dort unter Fasten und Opfern Erleuchtung zu erfahren, dann sind dies frühe Hinweise auf das uralte Wissen, wie psychedelische Zustände erreicht werden können. Durch völlige Isoliertheit und Eintönigkeit werden die Sinne für mystisch-visionäre Wahrnehmung geöffnet: Moses oder Abraham begegneten ihrem Gott in der Wüste, Antonius und andere Heilige wurden in völliger Abgeschiedenheit von Dämonen und Geistern heimgesucht. (Klassische Psychiater sprechen in diesem Zusammenhang nicht von einem außergewöhnlichen Bewußtseinszustand, sondern von einer paranoid-halluzinatorischen Schizophrenie oder Psychose.) Das kosmisch-mystische Erleben unter Psychedelika war die Grundlage für die Entstehung religiöser Gemeinschaften in der Vergangenheit ebenso wie in neuerer Zeit (z. B. die Native American Church mit ihrem Meskalin-Kult oder die League of Spiritual Discovery des LSD-Messias Timothy Leary).

Viele ehemalige Befürworter exogener psychedelischer Drogen (z. B. A. Hofmann, der Entdecker von LSD, und ehemalige LSD-Psychotherapeuten wie St. Grof oder H. Leuner) propagieren mittlerweile die Meinung, daß sich ähnliche kosmisch-mystische Zustände auch durch andere, nicht drogen-induzierte Maßnahmen erreichen lassen.

Wege zur Stimulierung körpereigener Psychedelika:
– sensorische oder perzeptive Deprivation (Reizentzug, »Isoliertheit in der Wüste«, Camera silens)
– konzentrative Meditation
– Selbsthypnose

- Za-Zen-Übungen. Andere Monotonisierungsübungen
- Fasten
- Schlafentzug. Asketisches Wachen
- Rituelle Reizüberflutung
- Hyperventilation und vergleichbare Atemtechniken
- Ekstatisches Tanzen. Rhythmisches (Litaneien-) Singen oder ähnliche monoton-rhythmische Stimulationen
- Erreichen eines Trancezustandes durch Marathonlaufen oder durch vergleichbare exzessive rhythmische Anstrengungen
- Masturbation und andere intensive sexuelle Stimulierungen
- Katathymes Bilderleben
- Versinken in psychedelischer Musik (Grateful Dead, Jefferson Airplane, Tangerine Dream und andere).

Die Geheimnisse des Dopamin: künstlerische Kreativität oder Wahnsinn?

Wie die meisten Botenstoffe ist auch Dopamin ein einfaches, relativ kleines Molekül, das dennoch faszinierende Wirkungen zeigt. Bei der Gestaltung der unterschiedlichsten menschlichen Eigenschaften und Fähigkeiten ist Dopamin ein führender Botenstoff, er bestimmt unseren Gesichtsausdruck, unsere Gangart, ermöglicht neue gedankliche Zusammenhänge und ausgefallene kreative Ideen, bringt Aufwind für die Psyche, stärkt aber auch die körpereigene Immunabwehr.

Die dopaminergen Nervenbahnen und Synapsen sind das bestuntersuchte Transmittersystem im Gehirn. Richtig aufmerksam wurde man auf die körpereigene Zauberdroge Dopamin erst durch ein sehr tragisches Geschehen, das Millionen Menschen betraf und immer noch betrifft. Seit den fünfziger Jahren werden massenweise Neuroleptika verordnet, das heißt Psychopharmaka, die spezifisch den Botenstoff Dopamin bzw. die entsprechenden Rezeptoren blockieren und dadurch geistig-seelisch dämpfend und einengend wirken. Bei Langzeitbehandlung mit Neuroleptika wird das normalerweise fein abgestimmte

Zusammenspiel zwischen dem Botenstoff Dopamin und den Dopamin-Rezeptoren so nachhaltig gestört, daß schließlich irreversible, also dauerhafte Hirnschäden entstehen. Menschen, bei denen wegen der kontinuierlichen Einnahme von Neuroleptika das Dopamin, der wohl wichtigste Neurotransmitter im menschlichen Gehirn, behindert oder blockiert ist, leiden unter:

– psychisch-geistiger Abstumpfung und Einengung, die akut auftreten oder sehr langsam erfolgen kann. Wegen der entstehenden Gefühlsleere spricht man auch vom »Roboter-Syndrom«
– Depressionen, oft auch mit Selbstmordgefahr
– unbestimmten Angstzuständen
– neurologischen Erkrankungen, z. B. »Parkinson-Syndrom« (Einschränkung der Spontanbeweglichkeit, Zittern, kleinschrittiger Gang), sowie unter bedrohlichen Muskelverkrampfungen und Akathisie, der Unmöglichkeit, ruhig zu sitzen
– Spät-Dyskinesien, das heißt stark entstellenden, oft unheilbaren Bewegungsstörungen
– vegetativen Veränderungen, z. B. Herz-Kreislauf-Störungen
– hormonellen Störungen, Dämpfung der sexuellen Lust, Potenzstörungen, Gewichtszunahme
– Verringerung der weißen Blutkörperchen.

Die durch Neuroleptika bedingte Blockierung von Dopamin weist auf den zentralen Einfluß dieses Botenstoffs auf verschiedene seelisch-körperliche Funktionen hin. Mit zu wenig Dopamin im Körper wird das Leben zur Qual, wie der angesehene schwedische Wissenschaftler und Arzt Lars Martensson beschreibt: »Wenn die Dopamin-Rezeptoren durch die Medikamente blockiert werden, ergibt sich als Resultat, daß die Nervenimpuls-Übertragung ... lahmgelegt ist ... Es sind Neuroleptika-Auswirkungen, die Neuroleptika-behandelte Menschen ausdrücken wollen, wenn sie sagen: ›Ich bin ein lebender Toter ... Ich kann kein Buch lesen, nicht einmal fernsehen, ich hab' kein Gedächtnis.‹ ... Sie sind herzzerbrechend, diese Klagen von Neuroleptika-Opfern.«

Wie 1985 auf dem Welt-Psychiatrie-Kongreß in Brighton bekanntgegeben wurde, haben bereits 25 Millionen Menschen weltweit verheerende, oft unheilbare durch Neuroleptika bedingte Dauerschäden. Nach der Contergan-Katastrophe ist das der größte Arzneimittelskandal dieses Jahrhunderts.

Die höchsten Dosierungen von diesen Dopamin-Killern werden in der Psychiatrie verabreicht; doch auch bei Alltagsbeschwerden wie Magenschmerzen, Migräne oder Schlafstörungen wird leichtfertig zu Neuroleptika gegriffen. Man schätzt, daß allein im deutschsprachigen Raum täglich mehr als eine Million Menschen solche Dopamin blockierenden Pillen schlukken, wobei weder die Patienten noch die verordnenden Ärzte genügend über die Risiken informiert sind. Aus mangelnder Kenntnis nehmen einige monate- oder sogar jahrelang regelmäßig Neuroleptika oder Neuroleptika-ähnliche Medikamente und zerstören auf diese Weise allmählich ihr Dopamin-Rezeptoren-System im Gehirn. Die dabei entstehende Persönlichkeitsabflachung und die fortschreitende Störung der Feinmotorik können so langsam und schleichend erfolgen, daß dies sowohl dem Betroffenen als auch seiner nächsten Umgebung entgehen kann. Zunehmende Vergeßlichkeit, Teilnahmslosigkeit oder andere Hirnleistungsstörungen werden dann oft als klimakterisches Problem, als Midlife-crisis oder als »früher Alzheimer« fehlinterpretiert, anstatt die Dauermedikation mit dubiosen Magen- oder Schlafmitteln o. ä. kritisch zu hinterfragen. Sogar ein deutsches Oberlandesgericht hat festgestellt, daß die neuroleptischen Dopamin-Blocker eine »persönlichkeitszerstörende Wirkung« haben (OLG Hamm, 3 U 50/81).

Auf diese Dopamin-Blocker könnte – auch im psychiatrischen Bereich – sofort verzichtet werden; es gibt zahlreiche durch Studien belegte medikamentöse und nicht-medikamentöse Alternativen. Doch dieser Prozeß des Umdenkens vollzieht sich in der Schulmedizin und der Psychiatrie nur sehr langsam, obwohl seit einigen Jahren die Kritik an dieser Medikamentengruppe erheblich zunimmt.

Die Neuroleptika-Forschung hat aber auch andere erstaunliche Einblicke in das Geheimnis des Botenstoff-Rezeptor-Systems gewährt. Der schwedische Pharmawissenschaftler Arvid Carlsson stellte bei Versuchen an Ratten erstaunt fest, daß Neuroleptika – als Dopamin-Antagonisten – die Konzentration von Dopamin im Gehirn nicht verringert, sondern daß sogar mehr Dopamin und mehr Noradrenalin-Moleküle (bzw. deren Metaboliten) nachweisbar waren. Wenn Neuroleptika die Dopaminwirkung (und in geringerem Maße auch die Noradrenalinwirkung) reduzieren, hätte man eher mit einem niedrigen Dopamingehalt im Gehirn gerechnet. Mitte der siebziger Jahre gelang es mit derselben Technik, mit der man wenige Jahre vorher die Rezeptoren für das hirneigene Morphin identifiziert hatte, spezifische Rezeptoren für Dopamin im Gehirn nachzuweisen. Schließlich konnte auf biochemische Weise bewiesen werden, daß Neuroleptika diese Dopamin-Rezeptoren (vor allem den Subtypus D_2) blockieren und damit für Dopamin das Ankoppeln am Rezeptor unmöglich machen. Auf diese medikamentöse Störung in der Kommunikation zwischen Dopamin und dem dazugehörigen Rezeptor reagieren die Dopamin-Rezeptoren sehr prompt: Sie vermissen Dopamin und »verlangen« von der Nervenendigung, die Dopamin freisetzt, eine gesteigerte Produktion. Doch selbst eine erheblich höhere Konzentration an Neuroleptika kann die Neuroleptika-belagerten Rezeptoren nicht zurückerobern. In einem zweiten Schritt versuchen sich nun die Rezeptoren selbst zu helfen und vermehren sich um ein Vielfaches. Hierzu äußert sich Neurowissenschaftler und Psychiatrie-Professor S. H. Snyder wie folgt: »Nach einer anhaltenden Blockade durch Neuroleptika treten die Dopamin-Rezeptoren quasi zum Gegenschlag an, zumindest im Corpus striatum [einer Hirnregion], wo bei Tieren unter neuroleptischer Langzeitbehandlung die Zahl der Dopamin-Rezeptoren nachweislich ansteigt. ... [es] leiden Patienten, bei denen die Dopamin-Rezeptoren im Corpus striatum sich derart vermehren und überempfindlich werden, an einer starken Bewegungsunruhe von Zunge, Mund, Armen und Beinen.«

Das Gehirn ist also nicht nur in der Lage, die Produktion von

Neurotransmittern anzukurbeln, sondern kann auch neue Rezeptoren bilden. Diese sonst segensreiche Flexibilität des Gehirns hat aber für einen mit Neuroleptika »behandelten« Patienten verhängnisvolle Folgen, sobald die Medikation weggelassen wird: Sein Gehirn verfügt dann über maßlos viele Dopamin-Rezeptoren, »die ein Verhältnis von Unsinn, Lärm und Störung in das System einführen« (Lars Martensson).

Ursprünglich wurden Neuroleptika vor allem Menschen verabreicht, die unter einer sogenannten Schizophrenie litten. Man vermutete – und einige Neuropsychiater stützen sich immer noch auf diese Hypothese – daß schizophrene Störungen allein durch ein Übermaß an Dopamin oder durch eine Überempfindlichkeit der Dopamin-Rezeptoren bedingt seien. Bisher fehlen sichere Beweise für diese Theorie, doch selbst wenn man nachweisen könnte, daß ein Zuviel an Dopamin schizophrene Störungen verursacht, wäre die Frage immer noch nicht beantwortet, was einen Schizophrenen veranlaßt, zuviel Dopamin zu produzieren.

Tatsächlich scheinen hohe Konzentrationen von Dopamin das Limbische System extrem zu stimulieren. Dopaminbedingte emotionale Hyperaktivität und gesteigerte Wahrnehmung haben im allgemeinen jedoch nichts mit Schizophrenie zu tun (siehe S. 57). Verwischt bei einem Menschen die Grenze zwischen (Tag-)Träumen und Realität, dann wird er von seiner Umwelt und von den Psychiatern oft leichtfertig als schizophren bezeichnet. Als Symptome für diese Erkrankung gelten in der klassischen Psychiatrie: Wahn, Halluzinationen, Delirium, Paranoia, Denkstörungen, Ich-Störungen. Kritische Psychiater und Psychologen lehnen den Begriff Schizophrenie ab, da er wenig hilfreich ist und diskriminiert, und versuchen statt dessen, auf die oft irreale Symbolik im Handeln dieser Menschen einzugehen und sie psychodynamisch zu verstehen.

Die Psychotherapeutin Aniela Jaffé, die frühere Mitarbeiterin C. G. Jungs, hat darum richtig festgestellt: »Man weiß heute, daß der schizophrene Zustand und die künstlerische Vision einander nicht ausschließen.« Sowohl schizophrenes Erleben als auch künstlerische Kreativität rücken durch einen Überschuß an Dopamin in Bereiche, die jenseits der herrschenden Alltagsnormen liegen. Für einen »schizophrenen Dichter« sind die Regeln des Dudens genauso unwichtig und lächerlich wie für einen als Schriftsteller anerkannten experimentellen Sprachkünstler. Ein Höchstmaß an Dopamin bringt eine Überschwemmung an Phantasie mit dem Risiko, in dieser Flut – wie im Wahnsinn – zu ertrinken. Meret Oppenheim kreierte eine Tasse, die ganz mit Pelz überzogen war – war diese Frau verrückt, eine Künstlerin oder gar eine verrückte Künstlerin? Ein Übermaß an Dopamin fördert künstlerische Kreativität, und die Grenzen zwischen Genie und Wahnsinn sind fließend.

Wie oben erwähnt, können Neuroleptika durch die Behinderung von Dopamin das sogenannte Parkinson-Syndrom erzeugen. Diese Krankheit (früher Schüttellähmung genannt) gibt es jedoch auch bei Menschen, die keine Neuroleptika eingenommen haben: als Alterskrankheit (wobei die eigentliche Ursache unbekannt ist), nach einer Encephalitis (Hirnentzündung) oder als Folge häufiger multipler Hirntraumata (z. B. bei Berufsboxern). Die Symptomatik bleibt dieselbe: eingefrorene Mimik, mühevolles, trippelndes Gehen, Tremor, geistig-seelische Einengung.

Schon in den sechziger Jahren wurde festgestellt, daß die Dopaminkonzentrationen in Gehirnen von verstorbenen Parkinson-Patienten deutlich vermindert waren gegenüber der üblichen Norm. Ein besonders niedriger Dopamin-Gehalt (nämlich nur etwa 20 Prozent der Norm) wurde im Corpus striatum gemessen, einer Hirnregion an der Basis des Großhirns, die mitverantwortlich ist für geschmeidiges und koordiniertes Bewegen von Armen und Beinen. Das Corpus striatum empfängt normalerweise Dopamin-liefernde Nervenfasern (Axone) von der Substantia nigra, einem Hirnareal, das die Hochburg des Dopamins ist. Bei Parkinson-Kranken sind viele Dopamin-Zellen in der Substantia nigra abgestorben, was eine verhängnisvolle Dopamin-Unterversorgung zur Folge hat. Die Parkinson-Krankheit ist durchaus kein seltenes Leiden, vor allem viele ältere Menschen (über sechzig) sind davon betroffen. Doch auch Dreißigjährige können in unterschiedlicher Schwere am Parkinson-Syndrom erkranken (immerhin zwei von Tausend). Wie bereits angedeutet, findet sich bei Parkinson-Kranken postmortal eine Degeneration derjenigen Nervenzellen, die Dopamin produzieren. Entsprechend versucht die Medizin, mit Dopamin-ähnlichen Mitteln die Parkinson-bedingten Beschwerden, die für die Patienten sehr belastend sind, zu lindern. Noch wichtiger jedoch sind gezielte Dopamin-anregende krankengymnastische Übungen.

Warum gerade das Gehirn vieler älterer Menschen zu wenig Dopamin in Umlauf setzt, hat sicherlich manchmal organische, d. h. krankheitsbedingte Gründe (z. B. Hirndurchblutungsstörungen bei Arteriosklerose), doch bei der überwiegenden Anzahl der Patienten tappt die Medizindiagnostik im dunkeln. Eine einfache, sicherlich nicht für alle Patienten gültige Erklärung für den signifikanten Produktionsrückgang könnte darin liegen, daß viele Menschen ihre Dopamin-Ausschüttung nicht trainieren, d. h. ein relativ einförmiges Leben führen, bei dem sie mit wenig Dopamin auskommen. Für die meisten Bereiche des menschlichen Organismus gilt: Ohne Training wird nicht etwa der Status quo erhalten, sondern Funktionsabbau ist die Folge. Wird ein Arm längere Zeit nicht bewegt (z. B. weil er wegen einer Fraktur eingegipst ist), dann stellen sich Muskelatrophie, Knochenabbau und Störung der Feinmotorik ein. Ähnliches gilt für die Fitness der Transmittersubstanzen: Bei Alltagstrott und permanenter geistiger Unterforderung (öde Arbeit, regelmäßiges, stundenlanges Fernsehen o. ä.) muß wohl – mangels Bedarf – mit einer Degeneration der Transmitter-bildenden Nervenzellen gerechnet werden. »Wer rastet, der rostet«, gilt auch für geistige Leistungen. Für Senioren, die sich selbst nicht geistig fordern, leisten »Hirn-Jogging«-Programme einen wichtigen Beitrag für das Training der körpereigenen Botenstoffe.

> *Zusammenfassend läßt sich der Tätigkeitsbereich von Dopamin folgendermaßen beschreiben:*
> - erhöhter seelisch-körperlicher Antrieb, der angenehm empfunden wird (»emotional drive«); vermehrte emotionale und motorische Spontaneität
> - Förderung von Konzentrations- und Reaktionsfähigkeit; große Aufmerksamkeit und Wachheit, ohne »überdreht« zu sein; verbesserte Sinneswahrnehmung; scharfes Denken, differenzierte Meinungsbildung, erweiterte Phantasie und Kreativität
> - angstlösend und antidepressiv; Tendenz zu gehobener Stimmung bis hin zu Glücksgefühl
> - sexuell ausgleichend bis zur leichten Steigerung sexueller Lust
> - energieverbrauchend; gewichtsreduzierend
> - vegetativ harmonisierend; ausgeprägte Stabilisierung des Herz-Kreislauf-Systems
> - Stimulierung von weißen Blutkörperchen (Leukozyten) und damit Verstärkung der Immunabwehr
> - Harmonisierung der Körperbewegung; Koordinierung und Veredelung der Feinmotorik (Mimik, Spiel der Hände und Finger); Steuerung der instinktiven (unwillkürlichen) Bewegungskontrolle des Muskeltonus (auch wichtig für absichtlich bewegungsloses Verharren)
> - Dopamin ist wohl der wichtigste Neurotransmitter des extrapyramidalen Nervensystems (das z. B. dem kraftvollen Sprung einer Tänzerin Harmonie und Grazilität verleiht oder Bewegungen im Zeitlupentempo erst ermöglicht).

Dopamin ist der gängige Name dieses allgegenwärtigen Neurotransmitters, die chemische Benennung lautet: 3,4-Dihydroxy-β-phenyläthylamin. Dopamin besteht aus der Aminosäure Dopa, die auch die Muttersubstanz für Melanin ist, dem Stoff, der Haaren und Haut die Tönung gibt und für Sonnenbräunung sorgt. Dopamin kann aber auch eine andere molekulare Gestalt annehmen und sich in den Botenstoff verwandeln, mit dem es am engsten zusammenarbeitet: Noradrenalin (und Noradrenalin wiederum kann durch einen kleinen chemischen Schritt zu Adrenalin werden).

Im Gehirn kommt Dopamin in fast allen Regionen vor, besonders hoch konzentriert aber in einem kleinen Areal des Mittelhirns. Dieses Dopamin-reiche Gebiet heißt Substantia nigra (schwarze Substanz), weil es auf ungefärbten Hirnschnitten als dunkelbrauner bis schwarzer Fleck auffällt; für die Dunkelfärbung ist das oben erwähnte Pigment Melanin verantwortlich. Von der Substantia nigra und benachbarten Gebieten des Mittelhirns ziehen Dopamin freisetzende (dopaminerge) Nervenbahnen zu folgenden Hirnregionen:

- zum Limbischen System (dem Zentrum für emotionales Verhalten)
- zum Tuberculum olfactorium (einem Teil des »Riechhirns«): Gerüche beeinflussen emotionale Reaktionen, z. B. Sexualverhalten oder freundliches oder feindseliges Gebaren
- zum Corpus striatum (dem »Krankheitsherd« beim Parkinson-Syndrom)
- zur Hypophyse (der »Hormondrüse«, die eine ganze Reihe übergeordneter Hormone in die Blutbahn schickt)
- zum Frontalhirn (wo Antrieb, Wachheit und weitere Funktionen lokalisiert sind, die die Persönlichkeit eines Menschen ausmachen).

Mit anderen Botenstoffen kooperiert Dopamin unterschiedlich intensiv: mit GABA, die an einigen dopaminergen Synapsen hemmend, an anderen potenzierend wirkt, mit Noradrenalin, Acetylcholin, mit der Substanz P und Glutamin, dem zahlenmäßig wohl verbreitetsten erregenden Botenstoff im Gehirn.

Früh ist es den Pharmakologen gelungen, die Zauberdroge Dopamin synthetisch herzustellen. Dieses künstliche Dopamin wirkt – wenn es intravenös zugeführt wird – zwar stabilisierend auf das Herz-Kreislauf-System, doch der Zutritt zum Gehirn ist ihm verwehrt. Der Blutkreislauf und der Kreislauf des Liquors, des Hirnwassers, sind durch eine streng bewachte Grenze getrennt: die sogenannte Blut-Hirn-Schranke; sie läßt viele Stoffe gar nicht erst passieren, u. a. auch nicht das von außen zugeführte Dopamin (das körpereigene Dopamin wird sowohl separat im Gehirn als auch im übrigen Körper gebildet). Dopaminhaltige Infusionslösungen werden von der Medizin zur Behandlung von schockähnlichen Kreislaufversagen verwendet, sind aber ungeeignet zur Therapie von hirnzentralen Dopamin-Mangel-Krankheiten, z. B. des Parkinson-Syndroms: Hier hilft ein wenig eine synthetisch hergestellte Vorstufe von Dopamin (das sogenannte L-Dopa), das durch die Blut-Hirn-Schranke schlüpfen kann, überdosiert sogar die Wahrnehmung verändern und die hyperphantasierenden Fähigkeiten des Dopamins nachahmen kann.

Weitere exogene Drogen wirken Dopamin-verstärkend: Die bekannteste unter ihnen und zugleich eine der ältesten Drogen der Menschen ist das Kokain. Diese »göttliche Pflanze« (wie Sigmund Freud sie nannte) und die synthetischen Psychostimulantien (Amphetamine und vergleichbare Aufputschmittel) entfalten ihre muntermachende, leistungssteigernde und euphorisierende Wirkung offenbar durch ihren Einfluß auf die Dopamin- und Noradrenalin-Moleküle. Diese Stimulantien blockieren an der Synapse vorübergehend die Molekülpumpen, die das Dopamin- (und Noradrenalin-)Molekül nach getaner Arbeit in die Nervenendigungen zurückbefördern und damit inaktivieren. Eine gesteigerte Konzentration von Dopamin und Noradrenalin ist die Folge: Der Kokain-Konsument wird hyperaktiviert und euphorisch.

Es gibt mehrere Wege, ohne exogene Drogen die Dopamin-Konzentration im Gehirn und Körper zu steigern. Dabei kann, wie bereits erwähnt, *dasselbe* Dopamin-Molekül *unterschiedliche* psychische Fähigkeiten mobilisieren. Es liegt dann an uns, welche anregenden Aspekte des Dopamins wir nutzen.

Folgende Verfahren eignen sich zur Mobilisierung des körpereigenen Dopamins (siehe auch S. 129):

- Ausagieren momentaner Stimmungen (also übermäßige Selbstkontrolle ablegen, sich nicht ständig »zusammenreißen«)
- ekstatisches Tanzen oder Tanzen unter besonderer Einspielung feinmotorischer Bewegungen
- katathymes Bilderleben (Tagtraum-Technik)
- Zen-Meditation; Za-Zen-Übungen; Koan-Rätsel: nicht logisch und intellektuell lösen, sondern intuitiv
- Dopamin ist v. a. in hoher Konzentration für künstlerische Leistungen, für das Hyperphantastische, das Aus-dem-Rahmen-Fallende, das Absurde verantwortlich, ist ein potentiell »verrückt«machendes Molekül. Wer Dopamin stimulieren will, sollte seinen Gefühlen und Gedanken freien Lauf lassen.
- konzentrierte Aktivität – völliges Aufgehen darin – Trance
- Autosuggestion
- intensives Aufgehen in einer Leidenschaft
- Yoga
- aktives Imaginieren
- Musik, die einen tief bewegt, bewußt hören; selbst musizieren
- häufiger und intensiver Wechsel von Außenreizen (z. B. Ändern der Umgebung durch Reisen) oder
- weitgehender Reizentzug.

Die biochemischen Wege der Melancholie

Vorwiegend in tropischen Regionen wächst die Pflanze Rauwolfia serpentina (Schlangenwurz oder Hundsgiftgewächs), deren Extrakt seit dem vorigen Jahrhundert zur Heilung erregter Gemüter verordnet wird. Aus den Wurzeln der tropischen Rauwolfia isolierte man in den fünfziger Jahren dieses Jahrhunderts das blutdrucksenkende Reserpin, und der Pharmakonzern Ciba machte dieses Mittel zu einem der meistverkauften Blutdruckmittel. Jahrelang nahmen Millionen Menschen dieses Antihypertensivum, bis allmählich auffiel, daß reserpinhaltige Tabletten viele vormals frohgestimmte Patienten schwermütig, grübelnd, apathisch und weinerlich machten. Mindestens 15 bis 20 Prozent der mit Reserpin behandelten Patienten werden – so zeigen mehrere Statistiken – von Depressionen heimgesucht. Diese iatrogenen, d. h. durch ärztliche Einwirkung entstandenen Depressionen lassen sich psychiatrisch nicht von schweren Depressionen anderer Genese unterscheiden. Bei Tausenden dieser unglücklichen Patienten endete die durch Reserpin bewirkte Depression in Selbstmordversuchen oder Selbstmord.

Die von der Pharmaindustrie angekurbelte Reserpin-Forschung entdeckte bei Experimenten mit Hunderttausenden von Tieren, denen Überdosen von Reserpin verabreicht wurden, daß diese armseligen Geschöpfe ähnlich reagierten wie die Patienten im vorausgegangenen »therapeutischen Großversuch«: Sie litten unter depressiven Beschwerden (waren apathisch, lustlos, mürrisch, verlangsamt, ängstlich; außerdem machten sich Schlaflosigkeit, Libidoverlust, Appetitmangel, Lernstörungen, soziale Isoliertheit bemerkbar). Die Gehirne der »Reserpin-Versuchstiere« wurden von den Biochemikern weiterverarbeitet; dabei zeigte sich, daß einige körpereigene Botenstoffe nur noch in Minimalspuren nachweisbar waren, unter anderem die drei biogenen Amine Noradrenalin, Dopamin und Serotonin (5-Hydroxytryptamin). Schon vor diesen Experimenten kursierte die Hypothese, die Depression sei eine (Catechol-)Amin-Mangelkrankheit; die Reserpin-Versuche schienen diese Überlegung zu untermauern. Hinzu kamen Befunde, daß Menschen, die sich in schweren depressiven Krisen selbst töten, weniger Noradrenalin und Serotonin in ihren Gehirnen aufwiesen als Gleichaltrige, die durch Unfälle ums Leben kamen. Einen erniedrigten Gehalt an Aminen im Gehirn von Selbstmördern festzustellen, schien zunächst sensationell. Man kann jedoch davon ausgehen, daß die besagten depressiven Menschen vor ihrer Verzweiflungstat Psychopharmaka genommen hatten; bekanntermaßen können Neuroleptika und Antidepressiva die Konzentration von Neurotransmittern und Rezeptoren im Gehirn radikal und nachhaltig verändern.

Ende der fünfziger Jahre kamen neuartige synthetische Psychopharmaka auf den Markt, die zur Behandlung der Melancholie, der »Volkskrankheit Nr. 1«, bestimmt waren. Diese chemischen Antidepressiva (wie Saroten, Ludiomil, Aponal oder das Mischpräparat Limbatril) sowie die zweite Gruppe von Antidepressiva, die als MAO-Hemmer bekannt wurden, erhöhen im Gehirn von Melancholikern die Konzentration einiger Botenstoffe.

Normalerweise werden die Botenstoffe Noradrenalin, Dopamin und Serotonin, sobald sie ihre Botschaft am Rezeptor abgegeben haben, in die Nervenzellendigung, aus der sie stammen, zurückgepumpt (hierfür existieren eigene biochemische Pumpen, die die Botenstoffe, die sich im synaptischen Spalt aufhalten, sofort aus dem Verkehr ziehen). Sobald die Botenstoffe wieder in der Nervenendigung bzw. im präsynaptischen Neuron sind, werden sie entweder wieder als Bläschen (Vesikel) bis zur nächsten Erregung gespeichert, oder durch das Enzym Monoaminooxidase (MAO) zerlegt. Eine Sorte von Antidepressiva (u. a. die trizyklischen Antidepressiva) verstopfen die Transmitterpumpe, eine andere Gruppe, die MAO-Hemmer, machen sich an das MAO-Enzym heran und zerstören es. Beide Angriffe haben zur Folge, daß immer mehr Noradrenalin, Dopamin und Serotonin entstehen und damit immer mehr Rezeptoren erregt werden.

Wer die chemischen Seelentröster einnimmt, wird oft eine gewisse Antriebssteigerung merken; vor allem die MAO-Hemmer sind stark aktivierend und lösen innere Hemmungen. Die depressive Grundstimmung wird jedoch durch die Antidepressiva, zumindest in den ersten Tagen und Wochen, kaum oder gar nicht gebessert. Die chemisch bedingte Antriebssteigerung kann risikoreich sein und vorhandene Selbstmordtendenzen verstärken. Dies läßt sich folgendermaßen erklären: Sieht ein Mensch in seiner Niedergeschlagenheit keinen Ausweg mehr und denkt er daran, seinem Leben ein Ende zu setzen, so wird er meist durch seine depressive Trägheit gehindert. Einige Antidepressiva und Neuroleptika dämpfen die inneren Hemmungen (Angst vor auffälligen Aktivitäten, religiöse Schuldgefühle), andere Antidepressiva und Psychostimulantien geben den Melancholikern einen Aktivitätsschub: Beide Male kann in einem Melancholiker gerade soviel Tatendrang entstehen, daß er seine natürlich-schützende Antriebsminderung und psychische Hemmung überwindet und dadurch seine Selbstmordideen verwirklichen kann.

Verzweifelt reagiert der Körper eines mit Antidepressiva behandelten Menschen: Die synaptischen Gebilde wehren sich gegen die medikamentös verordneten Massenansammlungen von körpereigenen Botenstoffen, indem sie die Empfangsschalter – die Rezeptoren – großenteils schließen. Die Antidepressiva-Forschung hat gezeigt, daß nach monatelanger Einnahme der vermeintlichen Glückspillen erkennbar weniger Serotonin- und Noradrenalin-Rezeptoren nachweisbar sind. Das dokumentiert wiederum, daß nicht nur die körpereigenen Drogen auf veränderte innere Situationen (z. B. Vergiftungen durch Umweltstoffe oder Medikamente) oder veränderte äußere Reize (z. B. Gerüche, Gefahren) ansprechen, sondern daß offensichtlich auch die Rezeptoren reagieren, indem sie ihre Anzahl oder ihre Struktur variieren.

Die chemischen Antidepressiva unterwerfen nicht nur das Noradrenalin-Serotonin-System ihrem Regime, sondern beeinflussen auch das Gedanken-tragende Acetylcholin. Erwähnt wurde bereits, daß ein Zuviel an Acetylcholin Gedankenschwere, Schwermut und introvertiertes Grübeln mit sich bringen kann. Diese melancholischen Eigenschaften werden von chemischen Antidepressiva gedämpft, indem sie sich auf das Acetylcholin stürzen und Wirkungen entfalten, die gegen das Acetylcholin gerichtet sind und überdies als sog. anticholinerge Effekte bei den betroffenen Patienten zu Beschwerden führen (pharmakologisch gesehen sind dies die »Nebenwirkungen« der Antidepressiva): Konzentrationsstörungen, Mundtrockenheit, Sehstörungen, Herzklopfen. Durch ihre Acetylcholin verdrängende Wirkung tragen einige Antidepressiva sicherlich dazu bei, daß immer mehr Menschen am Alzheimer-Syndrom, einer Acetylcholin-Mangelkrankheit, leiden. Die anfängliche Euphorie der Psychiater über die chemischen Stimmungsaufheller teilten die meisten Patienten ohnehin nicht. Nur etwa ein Drittel der mit Antidepressiva behandelten Patienten berichteten über eine deutliche Besserung ihres Gemütsleidens, ein Drittel stellte keine wesentliche Änderung fest, und das letzte Drittel gab sogar eine Verschlechterung an. Die körpereigene Droge Serotonin, die durch die synthetischen Seelenheilmittel in die Höhe getrieben wird, gilt schon lange als einer der stimmungsvollsten Botenstoffe. Bei längerdauernder psychischer oder psychosomatischer Belastung verarmt offenbar der Organismus allmählich an Serotonin (und Noradrenalin). Folge einer reduzierten Serotonin-Aktivität sind dann Schlafstörungen, fehlender Bewegungsdrang, deprimierte Gestimmtheit; wer vorher schon introvertiert war, wird zum menschenscheuen Einzelgänger. Daß alte Menschen weniger Schlaf brauchen als junge, wird ebenfalls einem allerdings altersbedingt verringerten Serotoninspiegel zugeschrieben.

Bei einigen eher beruhigend wirkenden Psychotherapiearten ist Serotonin der Botenstoff, der zusammen mit dem körpereigenen Valium für innere Erleichterung und Ausgeglichenheit sorgt. Autogenes Training, Selbst- und Fremdhypnose und einige Yogaübungen entfalten ihren emotional-besänftigenden und auf das vegetative Nervensystem sedierenden Einfluß ebenfalls durch die Vermittlung dieser beiden Seelenharmonie-Stoffe, durch Serotonin und durch endogenes Valium.

Unter dem Einfluß von Serotonin tritt eine gewisse Gleichmütigkeit zutage. Das von Noradrenalin ausgehende hellwache Bewußtsein wird durch Serotonin gedämpft, und die durch Adrenalin und Noradrenalin bedingten Aktivitätsschübe werden von Serotonin gezügelt. Ist Serotonin im Überschuß, so unterstützt es die analgetische Arbeit des körpereigenen Morphins, indem es die Schmerzwelle erhöht. Serotonin wird nicht nur im Gehirn produziert, sondern in vielen Organen: in den Bronchien (Schleimförderung), am Uterus (Geburtsvorgang unterstützend), am Verdauungstrakt (wo alle Verdauungsprozesse eingeleitet werden).

Die Wiege des Serotonins ist das Gehirn oder, besser gesagt, sind die Raphe-Kerne, eine Nervenzellansammlung im Stammhirn. Von dort verzweigen sich Nervenaxone über das gesamte Gehirn. Besonders dichte Verbindungen gehen zum gefühlsgeladenen Limbischen System und zur Intellekt-speichernden Großhirnrinde. Auch in diesen Vernetzungen verbreitet Serotonin Entspannung und Ruhe. An der Yale University entdeckte der Serotonin-Forscher G. Aghajanian, daß Serotonin-Nervenzellen ihre harmonisierenden Impulse einstellen, wenn sie mit der Substanz in Berührung kommen, die sich vom beschaulichen Serotonin am stärksten unterscheidet: von dem Psychedelikum LSD ist hier die Rede. Möglicherweise setzen sich einige LSD-Moleküle blockierend an Serotonin-Rezeptoren, während der Rest dieser halluzinatorischen Substanz sich in anderen Hirnregionen verteilt. Die Serotonin-Rezeptor-Blockade ist möglich, da die chemische Struktur des LSD derjenigen von Serotonin erstaunlich ähnelt (und der Rezeptor beide Stoffe nicht unterscheiden kann oder »will«).

Die Muttersubstanz von Serotonin ist die in allen gängigen Nahrungsmitteln vorhandene essentielle Aminosäure Tryptophan. Dieses Tryptophan, das auch für den Stoffwechsel der Neurovitamine entscheidend ist, wurde bis vor kurzem als Medikament angeboten, um bei depressiven Schlafgestörten den Serotonin-Spiegel zu regulieren. Nachdem nun neue Tryptophan-Präparate (die z. B. in den USA in jedem Supermarkt erhältlich waren) erstmalig mittels eines gentechnologischen Verfahrens hergestellt wurden, kam es bei Tryptophan-Konsumenten zu schweren neurologischen Krankheiten. Das in der Nahrung natürlich vorkommende Tryptophan und das künstlich hergestellte Tryptophan scheinen chemisch identisch, und doch reagiert der Körper auf beide unterschiedlich.

Alle größeren Pharmakonzerne lassen kostenaufwendig nach den biochemischen Ursachen der Depressionen suchen mit dem Ziel, aufgrund der gewonnenen Informationen das ideale Antidepressivum zu synthetisieren. In einer wachsenden Flut von Fachliteratur erscheinen unzählige, teilweise sich widersprechende Berichte über die Biochemie der Melancholie: Abbauprodukte von Noradrenalin und Serotonin werden aus »depressiven Gehirnen« gewonnen, die Melancholiker werden in Noradrenalin- und Serotonin-Typen unterteilt oder in präsynaptische oder postsynaptische Typen (Matussek); bestimmte Alpha-Rezeptoren werden bei Manikern vermindert, bei Depressiven vermehrt gefunden.

Wer sich zu sehr ins Detail begibt, verliert den Überblick. Diese Feststellung gilt für diejenigen Biochemiker, die auf der Suche nach einem depressiv-machenden Transmitter sind. Vergleichbar in Details verfangen, fahnden Psychologen und Psychoanalytiker nach psycho- oder soziodynamischen Ursachen für die Depression: von »reduzierten, reaktionskontingenten Verstärkern« (Lewinson) ist die Rede, von »erlernter Hilflosigkeit« (Seligman), »oraler Frustration in früher Kindheit« (Arieti), »kognitiver Störung« (Beck). Überdies wird eine genetische Prädisposition diskutiert. Mikroanatomische Zerlegungen der Seele mögen zwar bereichernd für die Forschung sein, ob sie aber hilfreich sind für einen Menschen, der unter Depressionen leidet, ist sehr fraglich.

Aus theoretischer Sicht müssen sich nun biochemische und psychodynamische Interpretationsversuche der Depression keineswegs widersprechen: es sind lediglich zwei unterschiedliche, materialistisch-orientierte Betrachtungsweisen desselben seelischen Zustandes. Biochemisch und gleichermaßen psychodynamisch lassen sich viele körperlich-psychische Vorgänge erklären. Folgendes Beispiel mag dies verdeutlichen: Wenn wir von unserem Gegenüber überraschend eine Ohrfeige bekommen, dann kann man entweder die reaktive Hyperämisierung der getroffenen Wange, die Ausschüttung von Histaminen, Kininen und anderen Transmittern und eine Stimulierung von Noci-Rezeptoren beschreiben, oder man sieht den Schlag ins Gesicht als tiefe seelische Kränkung. Beide Sichtweisen sind möglich und müssen einander nicht widersprechen.

Für eine ganzheitliche Betrachtung der psychodynamisch-biochemischen Aspekte der Melancholie reicht es, wenn wir die wichtigsten Vertreter der stimmungstragenden, körpereigenen Drogen kennen und darüber hinaus wissen, daß wir sie ohne chemische Hilfsmittel mobilisieren können.

Depressive Stimmungen erfährt jeder in seinem Leben: quälende Traurigkeit nach dem Tod eines geliebten Menschen; Grübelzwang und das Gefühl der Ausweglosigkeit nach Enttäuschungen und Versagen; innerer Zusammenbruch und Verzweiflung nach tiefen Kränkungen oder schmerzhaften Trennungen; Selbsttötungsgedanken in großer sozialer Not oder bei schweren Krankheiten. Von »depressiver Krankheit« läßt sich dann sprechen, wenn die depressiven Erscheinungen überdurchschnittlich tiefgreifend und langdauernd sind. Depressive Menschen haben meist mehrere psychische und somatische Beschwerden gleichzeitig; für ihre hoffnungslose Traurigkeit fallen ihnen nur manchmal konkrete Ursachen ein, viel öfter wissen sie keine äußeren oder inneren Gründe (die Umgebung spricht dann von »grundloser Traurigkeit«).

Im antiken Griechenland unterschied man die vier Hippokratischen Temperamente: leichtblütig-heiter-gereizt (sanguinisch), bedächtig-langsam (phlegmatisch), heißblütig-aufbrausend (cholerisch), schwerblütig-zurückgezogen-ernst (melancholisch). Der Mensch ist jedoch nie allein durch *ein* Temperament geprägt: selbst der Schwermütige kann mal heftig aufbrausen, mal ausgelassen fröhlich sein.

Hippokrates erklärte die Ursache einer schwermütig-trübsinnigen Verstimmung durch ein Ungleichgewicht der vier Körpersäfte. Aufgrund der neuesten biochemischen Forschungen kann man davon ausgehen, daß das (mangelhafte) Zusammenspiel von vier Transmittern wesentlich das Ausmaß der Melancholie bestimmen: Serotonin, Noradrenalin, Endorphine und körpereigenes Valium. Ob die biochemischen Erklärungsmodelle der Depression weit über die Theorie des vor 2500 Jahren lebenden Hippokrates hinausgehen, darf bezweifelt werden.

Unermüdliche Leistungsfähigkeit, fröhliche Gelassenheit, strahlender Optimismus gelten in unserer Gesellschaft als beispielhaft, man denke nur an die aktuellen Exponenten der

»Normalität«, an die modernen Führungsfiguren in Politik und Wirtschaft oder an die zum Leitbild gewordenen Repräsentanten des Show business. Dagegen werden Melancholie, Nachdenklichkeit und Pessimismus als negative Eigenschaften gewertet.

Depressive leiden oft nicht nur wegen der sozialen Diskriminierung, sondern auch wegen innerer psychodynamischer Ursachen an ihrer Schwermut und suchen, zumindest anfänglich, nach Möglichkeiten, sich von erdrückender, seelischer Belastung zu erleichtern. Dabei sind die chemischen Antidepressiva sicherlich keine Lösung, zumal einige dieser angeblichen Wunderpillen (z. B. Amitriptylen-Saroten, Laroxyl) oft nicht besser wirken als ein gleichzeitig getestetes Placebo, eine wirkstofffreie Tablette. Wird Placebo nicht als Täuschung eines Patienten verstanden, sondern als bewußt praktizierte, auch rituelle Handlung, dann lassen sich viele in der Depressionstherapie frappierende Erfolge erzielen. Einen von vielen möglichen Beweisen für das eben Gesagte lieferte unfreiwillig eine Placebo-Studie zu dem Antidepressivum Viloxazin (Vivalan): Das Placebo war besser und entfaltete mehr antidepressive Effekte als das chemische Seelenheilmittel. Durch Placebo kann das Quartett der körpereigenen antidepressiv-wirksamen Drogen mobilisiert werden: Serotonin, Noradrenalin, Endorphine und körpereigenes Valium. (Über weitere Möglichkeiten der Mobilisierung von Noradrenalin siehe S. 113, von Endorphinen siehe S. 92, über die Stimulierung von Serotonin vgl. S. 121.)

Die klassischen Hormone – Stoffwechsel, Wachstum, Sexualität

Im Glauben der Alchimisten des Mittelalters galt das Blut als Sitz der Seele, allerdings nur der Körperseele, im Gegensatz zur überirdisch verbundenen Geistseele. Eine ähnliche Vorstellungswelt finden wir auch in der Antike bei den Griechen oder in Religionen von Naturvölkern. Gehen wir noch ein paar tausend

Jahre zurück, dann entdecken wir, daß unsere Vorfahren sogar das Blut ihrer getöteten Feinde tranken, um sich damit Lebenskräfte, Wissen und Mut einzuverleiben.

Die modernen Wissenschaften haben biochemische Beweise geliefert, daß im Blut essentielle lebensnotwendige Partikelchen schwimmen, unter anderem die biochemischen Koordinatoren, die das störungsfreie Funktionieren unseres Körpers überwachen und für ein harmonisches Zusammenspiel aller inneren Organe, Blutgefäße und Muskeln sorgen: Einige dieser informationsübertragenden Botenstoffe nennt man Hormone.

Die klassischen Hormone (wie Cortisol, Adrenalin, Schilddrüsenhormone) unterscheiden sich von den anderen Botenstoffen (den Neurohormonen und Neurotransmittern wie Dopamin, Serotonin, Endorphine) dadurch, daß sie schon seit Jahrzehnten bekannt und oft um mehrere Größenordnungen langsamer sind als die Neurotransmitter vom nervalen System. Bis die durch Hormone angeregten Funktionen zum Tragen kommen, vergehen oft Minuten oder sogar Stunden. An sich ist der Unterschied zwischen den klassischen Botenstoffen (den Hormonen) und den neuentdeckten Botenstoffen (den Neurohormonen und Transmittern) fließend: Einige Botenstoffe gehören sogar beiden Fraktionen an, so zum Beispiel das Beta-Endorphin, das sowohl ein Hypophysen-Hypothalamus-Hormon ist als auch eine körpereigene Morphin-Droge; oder das Noradrenalin, das einerseits als Nebennieren-Hormon bekannt ist, andererseits als Transmitter im vegetativen Nervensystem (im Sympathikus) wirkt und darüber hinaus als Botenstoff im Gehirn und Rückenmark für Anregung und Wachheit sorgt.

Auch die klassischen Hormone wirken in uns wie körpereigene Drogen. Diese Aussage wird um so verständlicher, wenn wir uns klarmachen, daß die bekanntesten klassischen Hormone künstlich hergestellt werden und als Medikamente dienen. Die meisten Patienten würden exogene Drogen nicht brauchen, wenn sie lernten, ihre körpereigenen Drogen, z.B. Hormone wie Cortison und Adrenalin, zu mobilisieren.

Hormone prägen unser äußerliches Aussehen, unsere Konstitution, den Typus unserer Haut; sie bestimmen, wie ausgeprägt unsere Weiblichkeit oder Männlichkeit ist, welche Mentalität wir haben und wie unsere Grundstimmung ist. Hormone treiben unser Wachstum voran oder bringen es zum Stillstand, sie dirigieren alle Stoffwechselvorgänge. Nur unter Hormoneinfluß reifen die Geschlechtsorgane, entstehen sexuelle Gelüste. Auch Befruchtung, Schwangerschaft, Entbindung werden von unterschiedlichen Hormonen in wechselnder Zusammensetzung getragen und geleitet.

Gebildet werden die chemischen Nachrichtenträger in spezialisierten Zellen, den sogenannten inkretorischen Drüsenzellen, die sich meist zu Gruppen oder zu einem großen, hormonproduzierenden Organ (z. B. Schilddrüse, Hypophyse) zusammenschließen. Dort werden die Hormone auch gespeichert; ist eine Nachricht zu übermitteln, begeben sich die Hormonmoleküle in die Blut- oder Lymphgefäße und schwimmen zu den Körperregionen oder Organen, für die die Informationen und Befehle bestimmt sind. Dieser Vorgang ist mit der Sezernierung von Neurotransmittern vergleichbar, die in den synaptischen Spalt wandern oder an anderen Stellen Rezeptoren aufsuchen.

Chemisch gesehen bestehen die Hormone aus einfachen Aminosäureketten (Peptidhormone) oder aus sehr langen, geknäuelten Aminosäureketten (Proteinhormone) oder aus Glycerin-Fett-Verbindungen (Lipidhormone). Die Lipidhormone (z. B. Cortison, Testosteron, Östrogene) können sogar in das Innere einer Organzelle eindringen und dort beispielsweise den Zellkern veranlassen, die DNS-Herstellung zu modifizieren (DNS = Desoxyribonucleinsäure); sie ist die »Matrize« für die Proteinsynthese im Körper und als genetischer Code die biochemische Basis aller Erbmerkmale. Diese Hormone sind also in der Lage, die genetische Information umzuformen, ihr eine andere Richtung zu geben.

Die Zielorgane der Hormone verfügen über hormonspezifische Rezeptoren, mit deren Hilfe sie die biochemisch-codierte Botschaft des Hormons entschlüsseln. Meist sitzen die Rezeptoren an der Zelloberfläche, doch können sie auch im Innern der

Zelle (überwiegend im Cytoplasma) lokalisiert sein. Die Zelle eines Zielorgans hat gleichzeitig verschiedene Rezeptoren für unterschiedliche Hormone, kann aber auch verschiedene Rezeptoren für ein und dasselbe Hormon haben. Diese bunte Vielfalt an Rezeptoren wird einer besonderen Eigenschaft der Hormone gerecht: Hormone sind keine Einzelgänger, sondern arbeiten im Team mit anderen Spezialisten, anderen Hormonen zusammen. Wenn wir beispielsweise eines Morgens verschlafen, aber noch in aller Eile ins Büro hasten wollen, dann sorgt ein kräftiger Ausstoß von Noradrenalin und Adrenalin für sofortige Wachheit und für rasantes Ankurbeln von Herz und Kreislauf. Das Hypophysen-Hormon ACTH trägt dazu bei, den Streß zu bewältigen, und die Schilddrüsenhormone machen uns zusätzlich schnelle Beine, damit wir die U-Bahn noch erreichen. Doch ohne Glukagon, den Gegenspieler des Insulins, kämen wir nicht weit: dieses Hormon mobilisiert Glukose (Blutzucker), den Nährstoff für unsere Muskelbewegungen und die wichtigste Energiequelle unseres Gehirns.

Hat ein Hormon seine Nachricht – zum Beispiel den Befehl, Glukose in die Blutbahn freizusetzen – einem Zellrezeptor übermittelt, dann sind vor der eigentlichen Ausführung des Befehls noch mehrere chemische Schritte zu vollziehen: Der erste Rezeptor setzt ein zweites, innerzelluläres Botenstoffsystem in Gang (analog der Nachrichtenübermittlung durch Transmitter, siehe S. 31).

Die Vorgänge im Innern einer Zelle sind naturgemäß für die Forschung besonders schwer zugänglich; so wundert es nicht, daß von den innerzellulären Botenstoffen (»second messengers«) nur wenige erfaßt sind. Der bekannteste »second messenger« ist das cAMP (cyclisches Adenosinmonophosphat), das sich aus dem Hauptenergiekraftwerk der Zelle, dem ATP (Adenosintriphosphat) ableitet. Der cAMP-Botenstoff bringt innerhalb des Zellgebäudes eine Reihe von biochemischen Vorgängen in Bewegung, die schließlich darin münden, daß die eigentliche Funktion der Zelle ausgelöst wird (z. B. die Abgabe von Glukose oder Verdauungsfermenten oder die molekulare Speicherung einer Information). Das Substrat der Zellfunktion, z. B. die Glukose, wirkt in einem biochemischen Regelkreis hemmend oder fördernd auf die weitere Hormonproduktion (eine hohe Glukose-Ausschüttung würde die weitere Ausflutung von Glukose-stimulierenden Hormonen hemmen).

Die meisten Hormone werden, nachdem sie die Nachrichtenübermittlung erfüllt haben, abgebaut bzw. in andere Moleküle umgewandelt. Einige Hormone werden nach ihrer Botschaftertätigkeit gewissermaßen umgeschult und in neuer molekularer Form zum Rezeptor (oder zu einem Teil des Rezeptorkomplexes) ernannt.

Zuhauf sind im Blut aber auch Hormonmoleküle vorhanden, die nie Botendienste an irgendeinen Rezeptor erfüllen; doch auch diese Müßiggänger unter den Hormonen haben eine beschränkte Lebenserwartung. Die Halbwertszeit (als Maß für die Wirkdauer) ist bei den einzelnen Hormongruppen sehr unterschiedlich: So liegt die Halbwertszeit von Oxytocin, das sowohl die Produktion von Muttermilch als auch die sexuelle Lust anregt, bei durchschnittlich zwei Minuten. Das Wachstumshormon bringt es schon auf eine Halbwertszeit von zwanzig Minuten, das Schilddrüsenhormon Thyroxin hat eine Existenzdauer von sechs Tagen.

Die Zirbeldrüse, das biorhythmische Zentrum in unserem Gehirn, wirkt regulierend auf die unterschiedlichen Transmittersysteme; sowohl die klassischen Hormone als auch die anderen Botenstoffe werden entsprechend den zyklischen Vorgängen in der Natur (Tag- und Nachtrhythmus, Mondzyklus, Jahreszeiten usw.) entweder gefördert oder gehemmt (siehe S. 75).

Mit Schilddrüsenhormonen – schlank, schwungvoll, dynamisch

Eine leichte Überfunktion der Schilddrüse wird überwiegend als angenehm empfunden: Die Betroffenen können viel essen und bleiben schlank, trotz wenig Schlaf sind sie munter und dynamisch, schnell im Denken und Handeln. Nur die Umgebung leidet manchmal unter ihrem Jähzorn und ihrer Hektik.

Besteht ein Mangel an den beiden Schilddrüsenhormonen Thyroxin und Trijodthyronin, dann sind nicht nur Stoffwechsel und Herzschlag verlangsamt, sondern auch das Denken; dauernde Müdigkeit führt zu Schlafsucht und Apathie, reduzierter Energieumsatz hat Gewichtszunahme zur Folge. Schilddrüsenhormonmangel im Kindes- und Jugendalter stoppt das Knochenwachstum und die Entwicklung der inneren Organe, sogar die Entfaltung des Gehirns wird gehemmt.

Die Ruhekonzentration von Schilddrüsenhormonen sorgt für einen ausgeglichenen Wärme- und Wasserhaushalt, sie steigert die Proteinproduktion in den Körperzellen. Höhere Konzentrationen bewirken dagegen einen Proteinabbau, auch einen Abbau der Fettdepots und einen rasanten Verbrauch der Zuckerreserven. Die Schilddrüsenhormone sind die hauptsächlichen Regulatoren all unserer Stoffwechselvorgänge. Dabei sind erhebliche Tagesschwankungen des Hormonspiegels durchaus normal; so steigern vermehrte Adrenalin-Noradrenalin-Ausschüttungen auch die Konzentration an Schilddrüsenhormonen, ebenso starke Kältereize und psychische oder körperliche Anstrengungen.

Aus dem zuletzt Erwähnten ergeben sich auch Anregungen zur willentlichen Mobilisierung von Schilddrüsenhormonen: häufige Kaltwasser- oder Wechselgüsse (was in der Hydrotherapie entsprechende Anwendung findet), angenehme körperliche Anstrengungen (Sport, Tanz, Sexualität), positiv erlebter Streß (eifriges Tätigsein).

Die Schilddrüse gehört zu den wenigen hormonproduzierenden Organen, die einer direkten manuellen Stimulierung zugänglich sind (durch Massage des Drüsengewebes, das unterhalb des Kehlkopfes tastbar ist). Die Naturheilkunde kennt auch eine sanfte Behandlung der übererregten Schilddrüse durch kalte Lehmwickel und Kompressen.

Die Schilddrüsenhormon-Synthese ist ein erneutes Beispiel dafür, daß Nahrungsmittelbestandteile in erheblicher Weise die

Die Gliederung des Hormonsystems erfolgt nach dem jeweiligen Herstellungsort. Im folgenden ein Überblick über die wichtigsten Hormone und ihre Hauptfunktionen:
1 *Hypothalamisch hypophysäres System:*
  – *Adenohypophyse:*
    • *ACT (Adrenocorticotropes Hormon) → Nebennierenrinden-Hormone*
    • *TRH (Thyreostimulierendes Hormon) → Schilddrüsenhormone*
    • *Gonadotropine → Sexualorgane, Sexualhormone*
  – *Neurohypophyse:*
    • *ADH (Oxytocin) → Niere, Uterus, Sexualorgane*
    • *STH (Wachstumshormon) → Gesamtkörper, Wachstum*
    • *MSH (Melanocyten-stimulierendes Hormon) → Pigmentzellen*
2 *Zirbeldrüse:*
  • *Melatonin → Biorhythmus*

3 *Schilddrüse:*
  - *Thyroxin*
  - *Trijodthyronin* } → *Stoffwechsel, allgemeine Aktivierung*
4 *Nebenschilddrüse:*
  - *Calcitonin*
  - *Parathormon* } → *Calcium-Haushalt*
5 *Thymusdrüse:*
  - *mehrere Peptid-Hormone* → *Steigerung der Immunabwehr*
6 *Bauchspeicheldrüse (Pankreas)*
  - *Insulin* → *Blutzucker-Senkung*
  - *Glucagon* → *Blutzucker-Erhöhung*
7 *Nebennierenrinde:*
  - *Cortisol und andere Glucocorticoide* → *Protein- und Kohlenhydratstoffwechsel*
  - *Aldosteron und andere Mineralocorticoide* → *Elektrolyt- und Wasserhaushalt*
  - *Androgene und Östrogene* → *Sexualfunktionen*
8 *Nebennierenmark:*
  - *Noradrenalin*
  - *Adrenalin* } → *allgemeine Aktivierung, Streßsituationen*
9 *Hoden:*
  - *Testosteron* → *Sexualfunktionen*
10 *Eierstöcke:*
  - *Östrogene* → *Sexualfunktionen*
  - *Progesteron* → *Schwangerschaft*

physiologische Produktion stören können. Bekanntermaßen entsteht durch jodarme Nahrung eine Schilddrüsenvergrößerung, ein Kropf (Jodmangel-Struma); es gibt jedoch noch mehrere strumigene (kropferzeugende) Substanzen in der Nahrung, so zum Beispiel einige Schwefelverbindungen, die unter anderem in Rüben und Kohl zu finden sind (was bei einseitiger Ernährung durchaus zum Tragen kommen kann). Mit ähnlichen Schwefelverbindungen hat man auch in bestimmten Berufen zu tun, zum Beispiel durch die Arbeit mit Fixiersalzen bei der Filmentwicklung. Auch einige Metalle, beispielsweise Lithium, dämpfen die Produktion des belebenden Thyroxins (und Trijodthyronins). Resultat ist eine hormonelle Unterfunktion, die Hypothyreose oder Myxödem genannt wird und mehrere unangenehme Symptome aufweist: dauernde Müdigkeit, psychische Abstumpfung, Adynamie, Depressionen, Gewichtszunahme, Ödeme in Gesicht und Beinen, Haarausfall, Kälteempfindlichkeit. Das Thyroxin-blockierende Lithium wird aber nicht nur als Medikament verabreicht (bei Depressionen oder beim depressiv-manischen Syndrom), sondern findet eine breite Verwendung, so in der Keramikindustrie oder zur Reinigung von Schwimmbädern oder in einigen handelsüblichen Mineralwassern.

Nicht nur lithiumhaltige, sondern auch mehrere andere Medikamente hemmen die körpereigene Synthese von Thyroxin. Sind im Beipackzettel entsprechende Warnhinweise, so sollten sie ernstgenommen werden.

Gerade bei den Schilddrüsenhormonen wird deutlich, daß eine bewußt gewollte Mehrproduktion nicht nur durch eine aktive Stimulierung zu erzielen ist, sondern eher durch das Weglassen blockierender »Gifte«.

Ohne Parathormon – tetanische Muskelkrämpfe

In den Anfängen der Kropfchirurgie überlebte zwar der Großteil der Patienten die Operation, doch eine Gruppe von Patienten litt in den Tagen nach dem Eingriff unter schmerzhaften Muskelkrämpfen (Tetanie), unter Kehlkopf- und Bronchialspasmen und Herzschmerzen, bis schließlich durch Ersticken oder Herzstillstand der Tod eintrat. Andere Patienten wurden nach Wochen völlig träge, aufgequollen und zunehmend dement; ein langsames Sterben begann. Die völlige oder fast völlige Entfernung der Schilddrüse war bei der zweiten Gruppe von Patienten die Ursache der erschreckenden Symptomatik (sog. Myxödem). Die erste Gruppe erkrankte tödlich, weil bei ihnen zusammen mit dem Kropf auch die Nebenschilddrüsen, vier linsengroße, an der Hinterseite der Schilddrüse versteckte Drüsenkörperchen, die das Parathormon bilden, herausgeschnitten wurden.

Die Regelung des Kalzium- und Phosphatstoffwechsels ist die Domäne des Parathormons. Natürlich kann es auch ohne Kropfoperationen zu solchen Störungen im Parathormonhaushalt kommen. Zwar sind 99,9 Prozent des Kalziums in den Knochen und Zähnen und nur 0,1 Prozent innerhalb anderer

Körperzellen und im Blut, doch diese 0,1 Prozent sind sehr notwendig: sie entspannen die Muskeln und die zarte Muskulatur der Blutgefäße und tragen dazu bei, daß das Herz regelmäßig schlägt. Überdies gilt bei Transmitter-Forschern das Kalzium (korrekter das Kalzium^{++}-Ion) als der einfachste Botenstoff, der innerhalb der Zellen wirkt, der die Mikroorgane der Zellen ankurbelt und Veszikel (Bläschen), die mit anderen Botenstoffen gefüllt sind, freisetzt und öffnet.

Der Kalzium-Stoffwechsel innerhalb des Knochenaufbaus wird vom Parathormon, von dem Schilddrüsenhormon Calcitonin und von Vitamin D gleichermaßen geregelt. Vitamin D kann – wie alle Vitamine – vom Körper nicht selbst gebildet werden und wird mit der Nahrung zugeführt. Doch einmal im Körper, fungiert Vitamin D als Botenstoff; es wirkt auf die Epithelkörperchen und auf das Darmepithel und trägt somit bei zur Homöostase, zum dynamischen Gleichgewicht der Kalziumpartikelchen im Blut. Also auch für körperfremde Stoffe wie Vitamin D hat unser Körper Rezeptoren geschaffen und läßt sie als hormonelle Botenstoffe agieren.

Die Kalzium-Konzentration muß relativ konstant bleiben, damit Kalzium seiner Doppelfunktion als Elektrolyt (elektrisch geladenes Teilchen im Blut) und als Neurotransmitter gerecht werden kann. Mangelt es an diesem schlichten, zweifach geladenen Metallatom, können Muskelkrämpfe, Verkrampfungen von Magen, Darm, Blase, Anus, Asthma, Verengung der Herzkranzgefäße, Zittrigkeit, Konzentrationsstörungen, Migräne, Kollaps auftreten. Kalzium ist wahrscheinlich der kleinste und am einfachsten gebaute Neurotransmitter.

Die lebenswichtige Funktion der Nebennieren

»Cholesterin – Volksfeind Nummer 1« – hieß es in einem durchaus angesehenen Wochenmagazin. Ein winziges Blutpartikelchen wird angeschuldigt, durch allgemeine Arteriosklerose, Herzinfarkt oder Hirnschlag viele Millionen Bürger aus dem Arbeitsleben zu reißen. Als schädliches Blutfett diskriminiert, trifft die Anklage die ganze »Cholesterinfamilie«. Dabei weiß man seit Jahren, daß in dieser Familie nicht nur »Killer« sind, sondern auch »gute« Moleküle, ohne die der Organismus gar nicht lebensfähig wäre. Jede Zellmembran und die »Haut«, die alle Nerven umhüllt, brauchen Cholesterin; überdies bestehen mehr als 10 Prozent der Trockensubstanz unseres Gehirns aus diesem Fettmolekül. Cholesterin ist außerdem die Muttersubstanz für die mehr als dreißig verschiedenen Steroidhormone der Nebennieren: vor allem Corticoide (Cortison), Aldosteron, Androgene (Testosteron) und Östrogene.

Zu hohes Cholesterin im Blut wird oft, anstatt durch fettarme Diät, mit cholesterinfeindlichen, risikovollen Medikamenten behandelt. Es muß damit gerechnet werden, daß dieser chemische Kampf gegen Cholesterin auch die Biosynthese unserer Steroidhormone – und beispielsweise die allgemein entzündungshemmenden Wirkungen von Cortisol oder dessen stimmungshebenden Effekt – beeinträchtigt.

Die Nebennieren sitzen wie eine Mütze auf beiden oberen Nierenpolen, haben eine äußere, fettig aussehende Rinde (Nebennierenrinde NNR) und ein inneres, bräunliches Mark (Nebennierenmark NNM). Beide Zonen bilden unterschiedliche Hormone. Das bekannteste ist Cortison, das sich weitgehend in Cortisol umwandelt; ihre Ausschüttung und die der sog. Mineralocorticoide (z. B. Aldosteron) wird vom ACTH-Hormon der Hirnanhangdrüse geregelt.

Cortison ist als hochwirksames, aber eingreifendes Medikament vielen bekannt; von entzündlichen Hautkrankheiten über Asthma, Rheuma und alle Sorten von Allergien reichen die Anwendungsgebiete für diese Arznei, die die körpereigene Droge Cortisol zum Vorbild hatte. Die Menge an Corticoidhormonen, die unser Körper herstellt, übertrifft den Corticoidgehalt in den handelsüblichen Tabletten: 25–35 Milligramm Cortisol produziert die Nebenniere täglich, bei Streß sogar ein vielfaches. Morgens wird deutlich mehr gebildet, abends weniger. Cortisol schwimmt nicht als Einzelmolekül im Blut, sondern wird durch ein Transport-Protein befördert.

Cortisol wirkt hemmend auf alle Entzündungen und läßt Entzündungszellen erst gar nicht entstehen; es wirkt dadurch blockierend auf die Neubildung von weißen Blutzellen (Leukozyten und Lymphozyten). Damit wird allerdings auch die natürliche Infektionsabwehr unterdrückt. Cortisol veranlaßt verstärkten Abbau von Proteinen, auch von Muskelproteinen; der Knochenaufbau wird gehemmt. Dagegen steigert Cortisol massiv Zucker und Fette im Blut (wichtig für Streßsituationen). Auch Magensaft und Galle werden angeregt. Wer ständig zuviel Cortisol in seinem Körper bildet, wird dick (mit rundem Gesicht), muskelschwach, neigt zu häufigen Infektionen, ist aber von heiterem Gemüt, denn Cortisol ist psychisch stimulierend und bringt muntere Gelassenheit.

Die Wirkungen von Cortisol scheinen teilweise widersinnig und schädlich, sie lassen sich nur aus dem Zusammenhang mit anderen Botenstoffen verstehen (die sich gegenseitig hemmen oder fördern). Wird Cortisol aber dem Körper als Fremdstoff – zum Beispiel als Medikament – zugeführt, fehlt natürlich der Zusammenklang mit anderen Transmittern und Hormonen, und Nebenwirkungen machen sich bemerkbar: u. a. Magengeschwüre, Osteoporose, Diabetes.

Tonnenweise werden jährlich künstlich hergestellte Cortison-Präparate als Pillen oder Injektionen genommen. Bei einigen Krankheiten sind cortisonhaltige Arzneien zweifellos hilfreich, manchmal sogar lebensrettend (wie bei allergischem Schock oder bei Wespenstichen in den Kehlkopf), doch meist werden Cortison-Präparate zu leichtfertig genommen. Immer neue, chemisch leicht verwandelte Cortison-Pharmaka drängen auf den Markt; jedoch gibt es keinerlei Forschungsberichte über Versuche, das reichlich vorhandene körpereigene Cortisol zu mobilisieren.

Der Cortisol-Spiegel im Blut schwankt in einem 24-Stunden-Rhythmus, im Ausmaß aber individuell sehr verschieden. Wer »seinen« Biorhythmus gefunden hat und entsprechend lebt, kann die Cortisol-Schwankungen sicherlich in physiologische Grenzen, also in einen gesunden Bereich einpendeln. Ohne

Schaden läßt sich – wenn erwünscht – der Cortisol-Spiegel durch angenehm erlebten körperlich-seelischen Streß erheblich steigern (z. B. um die Einnahme von Cortison-Tabletten zu vermeiden); dabei werden Blutzucker und Blutfette exzessiv in die Höhe getrieben, richten aber keinerlei Schaden an, da sie durch Streß energetisch verbraucht werden.

Ein weiteres Hormon der Nebennierenrinde ist das Aldosteron, das, wie weitere Mineralocorticoide, den Mineralstoffwechsel (Natrium, Kalium, usw.) und den Wasserhaushalt regelt, vor allem durch seinen Einfluß auf die Nieren. In beachtlichem Umfang bildet die Nebennierenrinde auch Geschlechtshormone, unter anderem die männlich prägenden Androgene (das wirksamste ist Testosteron) und die weiblich prägenden Östrogene. Frau und Mann haben beide sowohl Androgene als auch Östrogene im Körper; bei der Frau stammen die Androgene fast ausschließlich aus der Nebennierenrinde, der Mann bezieht ein Drittel seiner Androgene aus der Nebennierenrinde, die weiteren zwei Drittel aus den Hoden.

Wie jüngst entdeckt, bringt die Nebennierenrinde sogar eine den Herzmuskel anregende Substanz hervor, die bisher nur als Fremdstoff, als Medikament eingesetzt wurde: Strophantin. Dieser vorwiegend aus tropischen Apocynaceae-Gewächsen gewonnene Stoff war früher eines der indianischen Pfeilgifte und nützt heute dem Menschen als Stärkungsmittel für das Herz.

Der zweite hormonproduzierende Teil der Nebenniere, das Nebennierenmark (NNM), arbeitet autark und relativ unabhängig von der Rinde. Das Mark ist der Hauptproduzent der allgemein anregenden Streßhormone Adrenalin und Noradrenalin.

In der Nebennierenrinde können vielfältige Störungen und Krankheiten entstehen (z. B. das Cushing-Syndrom mit exzessiver Cortisol Ausschüttung oder eine Maskulinisierung von Frauen bzw. Feminisierung von Männern bei Unstimmigkeiten in der Sexualhormonproduktion). Nur gelegentlich gehen Krankheiten vom Nebennierenmark aus (z. B. das seltene Phäochromocytom).

Blutzucker als Regulator des Lebens

Wer vor Prüfungen oder anderen geistigen Anstrengungen mit Traubenzucker (Glukose) oder einem süßen Espresso sein Gehirn zu füttern versucht, handelt physiologisch gesehen richtig: Die Hirnzellen decken ihren Energiebedarf ausschließlich durch Glukose. Dies erklärt, warum das Absinken der Blutzuckerkonzentration unter kritische Werte (20 bis 50 mg/dl) zunehmende Konzentrationsstörungen und Verwirrtheit bewirkt, dann Benommenheit und schließlich Bewußtlosigkeit.

Die Hirnzellen können bei ausreichendem Angebot Glukose aufnehmen, ohne auf das Insulin-Hormon angewiesen zu sein. Die anderen Körperzellen, vor allem Muskulatur und Leber, brauchen für die intrazelluläre Einverleibung von Glukose die Mitwirkung von Insulin.

Insulin wird fast ausschließlich im Pankreas (Bauchspeicheldrüse) gebildet. Darüber hinaus produziert diese hinter dem Unterrand des Magens gelegene, bis zu 20 cm lange Drüse noch Verdauungsenzyme, die sie in das Innere des Zwölffingerdarms abgibt. Diese Enzyme können so konzentriert und ätzend sein, daß sie bei bestimmten Pankreaskrankheiten das eigene Organ und sogar das umgebende Gewebe andauen und zersetzen.

Die Hormone des Pankreas stammen aus den sog. Langerhans-Inseln; Beta-Zellen bilden Insulin, Alpha-Zellen bilden den Gegenspieler Glukagon. Insulin schafft die Glukose aus der Blutbahn weg und legt Zuckerreserven (Glykogen) in Leber und Geweben an; auch sorgt es für die Umwandlung von Zucker in Fett und Aminosäuren. Die Insulinmangel-Krankheit ist unter der Bezeichnung Diabetes mellitus (Zuckerkrankheit) jedermann bekannt; sie ist die häufigste hormonbedingte Krankheit (2 Prozent der Bevölkerung leiden an ihr). Im Kampf um die Blutzuckersenkung ist Insulin alleine; ihm gegenüber steht eine ganze Reihe von Hormonen und Transmittern, die den Zucker im Blut (als Energielieferant für ihre Aktivitäten) in die Höhe treiben: das bereits genannte Glukagon, Adrenalin, Noradrenalin, das Wachstumshormon und die Schilddrüsenhormone.

Dauernd hoher oder zu niedriger Blutzucker führen zu schleichenden Wesensänderungen, zur Beeinträchtigung der geistigen Funktionen, zu Halluzinationen, Depressionen und wechselnden körperlichen Störungen (Zittrigkeit, Schweißausbrüche). Wenn erstmalig bei einem jüngeren Menschen Diabetes mellitus diagnostiziert wird und dieser dann regelmäßig künstliches Insulin injizieren muß, kommt es manchmal zu einem kurzzeitigen Aufbäumen der Selbstheilungskräfte: Einige Tage lang, selten ein bis zwei Wochen, produziert der Körper wieder ausreichend Insulin, Injektionen sind nicht mehr erforderlich. Dann aber stellt sich abrupt die alte Situation wieder ein, und Insulin muß wieder gespritzt werden. Die Ursache dieser kurzzeitigen Gesundung ist leider noch nicht geklärt. Es wäre ein ergiebiges Aufgabengebiet für die Diabetesforschung, wenn sie sich auf die psychosomatischen Kräfte konzentrieren würde, die die Beta-Zellen angeregt haben, nochmals in vollem Ausmaß Insulin zu produzieren.

Fortpflanzung und sexuelle Lust

Die Medikamente, die weltweit am meisten verschrieben werden, sind Präparate mit weiblichen Sexualhormonen, überall unter der Bezeichnung »die Pille« geläufig. Dieses chemische Kontrazeptivum enthält hormonell wirkende, meist künstlich hergestellte Substanzen, die den weiblichen Hormonen, den Östrogenen und Gestagenen, gleichen. Weibliche oder männliche Sexualhormone werden überdies als Medikamente bei einer Reihe von Störungen und Krankheiten eingesetzt, z. B. bei bestimmten Tumoren der Geschlechtsorgane, bei klimakterischen Beschwerden, bei Schwierigkeiten in der pubertären Sexualreifung, bei Sterilität.

Die Funktionen der körpereigenen Sexualhormone und der zugehörigen Rezeptoren ist eines der besterforschten Gebiete innerhalb der Endokrinologie. Längst ist bekannt, daß die Sexualhormone nicht nur die Botenstoffe für Fortpflanzung, Lust und Orgasmus sind, sondern auch die Proteinsynthese in den einzelnen Organen steigern, den Knochenaufbau fördern, die Art unserer Körperbehaarung (an der Scham, im Gesicht usw.), unseren Hauttypus, unser Aussehen festlegen.

Hormonell gesehen ist der Unterschied zwischen Frau und Mann eher fließend. So bilden bekanntermaßen beide Geschlechter sowohl männliche als auch weibliche Sexualhormone, wenn auch in unterschiedlicher quantitativer Zusammensetzung. Bei Leberzirrhose oder anderen schweren Lebererkrankungen können Männer sogar weibliches Aussehen annehmen, da die Konzentration des körpereigenen Östrogens infolge Abbaustörung zunimmt: Der Bart hört auf zu wachsen, die Stimme wird heller, die Schambehaarung weiblich, und es bilden sich sogar weibliche Brüste heraus.

Das Hirn-Gonaden-System

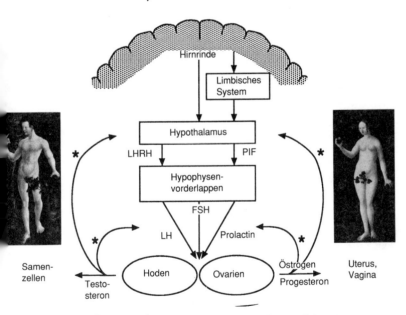

LHRH = Gonadotropin-Releasing-Hormon, PIF = Prolactin inhib. Faktor, Regelung durch Rückkopplung

Das männliche Testosteron hat als Muttersubstanz das weibliche Hormon Progesteron und kann sich in wenigen biochemischen Schritten zu einem Östrogen umwandeln. Auch die vom Gehirn ausgehenden Gonadotropine, also die Hormone, die die Geschlechtsdrüsen zur eigenen Hormonproduktion anregen, sind bei Mann und Frau gleich (auch wenn sie ausschließlich nach der Funktion, die sie bei der Frau erfüllen, benannt sind). Es sind dies das FSH (follikelstimulierendes Hormon) und das LH (luteinisierendes Hormon); bis vor kurzem nahm man noch an, daß es ein nur beim Mann vorkommendes Hormon ICSH (Interstitial Cell Stimulating Hormon) gäbe, dieses mutmaßliche Hormon ist aber identisch mit dem Luteinisierungshormon der Frau.

Interessant ist auch die Tatsache, daß der intrauterin heranreifende Embryo primär weiblichen Geschlechts ist und weiterhin weiblich bleibt, wenn nicht zuviel Testosteron hinzukommt. Testosteron macht das Genital männlich; bleibt der Organismus von Testosteron weitgehend verschont, entwickelt sich ein weibliches Genital. Ein Teil des geschlechtsspezifischen Verhaltens wird bereits in der Embryonalzeit geprägt. Das embryonale Gehirn wird durch Androgene maskulinisiert, was später sogar morphologische Unterschiede zwischen männlichem und weiblichem Gehirn erkennen läßt.

Hypermann oder Softie

Die testosteronproduzierenden Hoden gehören zusammen mit der Schilddrüse zu den hormonellen Drüsen, die aufgrund ihrer anatomischen Lage manuell stimuliert werden können. Ob ein Mann besonders männliches Aussehen (Muskulatur, Behaarung) und ein auffällig männliches Verhalten zeigt, hängt nicht so sehr von einem hohen Testosteron-Spiegel ab, sondern mehr vom Verhältnis von Testosteron zu Östrogen.

Ein relativ hoher Anteil weiblicher Sexualhormone läßt die »Frau im Mann« deutlich werden: eher samtene Haut, hellere Stimme, leicht feminines Verhalten. Für die Ausprägung des typisch männlichen Verhaltens und des männlichen Sexualverhaltens scheint eine bestimmte Testosteron-Konzentration im Blut ausreichend zu sein (z. B. 1–2 Nanogramm pro ml). Steigt der Testosteron-Spiegel nur geringfügig über die Norm, verstärkt dies nicht unbedingt die männlichen Eigenschaften, wohl aber, wenn der Östrogen-Spiegel sehr niedrig ist. Männliches, testosteronbestimmtes Sexualgehabe und aggressives Verhalten zeigen enge Zusammenhänge. Im Limbischen System und in der Hypophyse werden Emotionen, Lust, Sexualität und Aggression zwar koordiniert gesteuert, aber dennoch vermischt. Der Hypothalamus stimuliert in mehreren Schritten eine vermehrte Ausschüttung von Testosteron. Tierversuche zeigen, daß die Zufuhr von Androgenen (bei gleichbleibendem Östrogenanteil) das Aggressionspotential erhöht. Von solchen Erfahrungen geht auch die Gerichtsmedizin aus; so fordern einige Gerichtsmediziner, daß Männer, die wegen ihres triebhaft übersteigerten sexuell-aggressiven Handelns straffällig geworden sind, kastriert werden sollen. Die Kastration erfordert die Zustimmung des Betroffenen und wird entweder durch eine operative Entfernung der Hoden vorgenommen oder durch die Verabreichung von Mitteln, die die Testosteron-Wirkung aufheben. Von der Boulevardpresse werden solche »Fälle« voyeuristisch ausgeweidet. Obwohl forensisch empfohlene Kastrationen ethisch kaum vertretbar sind, da es andere Therapiemöglichkeiten gibt, liegen Erfahrungen über medikamentöse und chirurgische Kastrationen vor: Nach diesen Eingriffen schwindet allmählich der Sexualtrieb, und auch das aggressive Verhalten läßt bei vielen nach.

Normalerweise sind die männlichen Hoden bis ins hohe Alter funktionsfähig, der Testosteron-Spiegel bleibt zwischen dem 20. und 60. Lebensjahr relativ konstant. Danach sinkt das Testosteron ein wenig, während Östrogene (unter anderem Östradiol) zunehmen; trotzdem kann die Spermatogenese (die Reifung von Spermien) intakt bleiben.

Die körpereigene Sexualdroge Testosteron läßt sich – laborchemisch nachgewiesen – sowohl durch manuell-erotische Reizung der primären und sekundären Geschlechtsmerkmale als auch durch visuelle Reize erheblich stimulieren. So reicht bereits ein 30minütiger sexuell-erregender Film, um anschließend einen deutlich höheren Testosteron-Spiegel messen zu können. Ähnliches läßt sich durch die eigenen »inneren Bilder«, durch erotische Phantasien erreichen (Aktives Imaginieren). Umgekehrt sinkt Testosteron im Blut bei unangenehm empfundenem Streß, bei Krankheit, Erschöpfung, Depressionen.

Das weibliche Ovarium – Hormonvielfalt wie im Gehirn

Ein neugeborenes Mädchen verfügt in seinen Ovarien (Eierstöcken) über mehrere Millionen potentiell befruchtungsfähiger Eizellen. Später, während der befruchtungsfähigen Jahre, werden aber nur ca. 600 Eizellen »verwendet« (eine Eizelle pro Monatszyklus, also ca. 13 Eizellen pro Jahr). Ungewöhnlich reich ist auch die Auswahl an Hormonen und Transmittern, die in den Eierstöcken hergestellt werden: mehrere Typen von Östrogenen, Gestagenen und Androgenen; dann noch zwei Hormone, die normalerweise in der Hypophyse entstehen: Oxytocin und ADH; des weiteren die Botenstoffe Inhibin und Relaxin, deren Bedeutung noch nicht endgültig geklärt ist. In jüngster Zeit sind sogar körpereigene Morphine im Ovar entdeckt worden.

Östrogen kann wohl als das weiblichste Hormon bezeichnet werden. Das Wachstum der Vulva und der Brüste wird ebenso wie das allgemeine Wachstum von Östrogenen beeinflußt. Die typisch weiblichen Körperformen, so die Verteilung der Fettpolster, entstehen unter der Regie von Östrogenen. In die Haut wird vermehrt Flüssigkeit eingelagert, wodurch sie straff und jugendlich aussieht. Östrogen harmonisiert das parasympathische und sympathische Nervensystem und sorgt für eine gehobene Stimmungslage.

Am Wirkungsort reagieren Östrogene an speziellen Rezeptoren. Auf diese Rezeptoren haben Tumor-Forscher ihre besondere Aufmerksamkeit gerichtet. Seit Mitte der siebziger Jahre ist bekannt, daß in Mamma-Karzinomen (Brustdrüsenkrebs) häufig Östrogen-Rezeptoren nachweisbar sind. Damit solche Tumoren nicht durch körpereigene Östrogene zum Weiterwachsen angestachelt werden, versucht man, die Östrogenproduktion durch entsprechende Medikamente einzudämmen.

Die weiblichen Sexualhormone, unter anderem Östrogen und Progesteron, zeigen erhebliche, sich wiederholende zyklische Schwankungen hinsichtlich ihrer Blutkonzentration. In der ersten Hälfte des Menstruationszyklus überwiegt Östrogen, in der zweiten Hälfte Progesteron. Zunächst mag es erstaunlich scheinen, daß der durchschnittlich 28tägige Menstruationszyklus der Frau dem Zyklus des Mondes entspricht. Die Einwirkung des Mondes auf die Erde (und damit auf die Menschen) ist am eindrucksvollsten daran zu sehen, daß er bei den Meeren Gezeitenbewegungen verursacht. Manche Frauen versuchen, ihre Menstruationsbeschwerden oder andere Störungen der Sexualfunktion dadurch zu behandeln, daß sie den Biorhythmus ihres Menstruationszyklus dem Biorhythmus des Mondes anpassen.

Das hypothalamisch-hypophysäre System – die Dirigenten des hormonellen Zusammenspiels

Die tibetanische Göttin Tara hat auf der Stirnseite ein drittes Auge als Symbol der Innenschau. In manchen buddhistischen Glaubensrichtungen und bei einigen hinduistischen Gottheiten erscheint das dritte Auge als »Spiegel« des geistig-seelischen Geschehens. Will man diese uralte Symbolik neurophysiologisch erklären, so wäre das dritte Auge als Projektion des hypothalamisch-hypophysären Systems zu deuten: Könnte man zwischen beiden Augen ein wenig in die Tiefe des Kopfes eindringen, so würde man sehr bald die Hypophyse (die Hirnanhangsdrüse) erreichen. Gleich dahinter liegt, etwas höher plaziert, der Hypothalamus, das Zentrum, das unter anderem für Hunger, Durst, Sexualität und Schlaf zuständig ist. Die etwa bohnengroße Hypophyse liegt auffällig geschützt in einer knöchernen Vertiefung der Schädelbasis, Türkensattel genannt. Funktionell-anatomisch unterscheidet man die Adenohypophyse (Hypophysenvorderlappen), eine Anhäufung hormonproduzierender Zellen, und die Neurohypophyse (Hypophysenhinterlappen), die eine Ansammlung von Nervenverbindungen zum Hypothalamus darstellt. Phylogenetisch gesehen, lassen sich bei unseren Vorfahren aus dem Tierreich ähnlich mächtige hypothalamisch-hypophysäre Hormonzentren im Gehirn entdecken.

Die Adenohypophyse schüttet »übergeordnete« Hormone aus, die auf andere Hormondrüsen hemmend oder fördernd einwirken. Diese »Chefdirigenten« unter den Hormonen, auch glandotrope Hormone genannt, erhalten ihre Namen nach dem Hauptort ihres Einwirkens:

- ACTH (adrenocorticotropes Hormon) reguliert die Freisetzung der Nebennierenrinden-Hormone.
- TSH (thyreostimulierendes Hormon) gibt der Schilddrüse entsprechende Befehle, wann sie welche Hormone mobilisieren soll.
- Die Gonadotropine sind die obersten Hüter der Sexualität und üben bei der Frau Kontrolle über die Eierstöcke, beim Mann über die Hoden (und somit über die Ausschüttung von Sexualhormonen) aus. Zu den Gonadotropinen gehört auch das Prolactin, das bisher lediglich für die Stimulierung der Laktation zuständig schien. Inzwischen hat man in fast allen Organen des Körpers, bei Frau und Mann, Prolactin-Rezeptoren ausfindig gemacht. Die gesamt-biologische Wirkung des Prolactin ist wohl ähnlich umfassend wie die von Oxytocin.

Trotz ihrer hierarchisch hohen Stellung richten sich diese glandotropen Hormone hinsichtlich ihrer Aktivität nach der augenblicklichen Konzentration der peripheren Hormone, deren Ausschüttung sie regeln; überdies werden sie von Botenstoffen aus dem Hypothalamus kontrolliert.

»Mehr Intelligenz durch das ACTH-Hormon«, verkündeten vor einigen Jahren Schlagzeilen. Inwieweit dieses Hormon, das künstlich hergestellt werden kann, tatsächlich Aufmerksamkeit und Lernfähigkeit fördert, ist noch nicht nachgewiesen. Jedenfalls hemmt es beim Menschen die Antikörperbildung und vermindert die Widerstandsfähigkeit gegen bakterielle und andere Infektionen. Bei Streß wird auch ACTH ausgeschüttet, hohe Blutspiegel werden dann gemessen.

Die mit dem Hypothalamus besonders eng verbundene Neurohypophyse sezerniert folgende von der jüngsten Forschung besonders beachtete Hormone:
- MSH: Melanozyten-stimulierendes Hormon
- ADH: Antidiuretisches Hormon (identisch mit Adiuretin und Vasopressin)
- Oxytocin
- STH: Wachstumshormon.

Stimmungsaufhellung durch Sonnenlicht

Wenn das ACTH-Hormon in der Adenohypophyse sich teilt und in kleine Bausteine zerfällt, entsteht unter anderem auch das Pigment-Hormon MSH. Den Fischen und Reptilien verhilft es durch Farbwechsel zu einer Anpassung an die Umwelt, beim Menschen zielt das MSH auf die Pigmentgranula der Haut. Das MSH hat, ähnlich wie seine Muttersubstanz ACTH, offenbar auch eine allgemein anregende Wirkung und wird oft als Antagonist zu dem auch beim Menschen wirksamen »Winterschlaf-Hormon« Melatonin gesehen.

Bei der biochemischen Geburt des Pigmenthormons entsteht überdies in denselben Hypophysenzellen ein körpereigenes Morphin, das Beta-Endorphin. Diese hormonproduzierenden Zellen haben – wie jüngste Forschungsarbeiten zeigen – zahlreiche »Filialen« (sog. Pro-opio-melano-cortin-Zellen) in anderen Hirnregionen, im Nebennierenmark, im vegetativen Nervensystem und sogar in den Geschlechtsdrüsen. Eine Funktion dieser Zellen, die über den gesamten Körper verteilt sind, ist sicherlich, mit Hilfe der von ihnen hergestellten körpereigenen Drogen auf Streßsituationen zu reagieren und dabei die verschiedenen Körperorgane gleichzuschalten. Das allgemein beruhigend wirkende Endorphin, das zusammen mit MSH und ACTH in den Geschlechtsdrüsen vorkommt, kann das sexuelle Reagieren in extremen Streßzeiten erklären: Frauen klagen dann beispielsweise über Amenorrhoe (Ausbleiben der Menstruation), Männer über Potenzstörungen.

Das gemeinsame Vorkommen des antidepressiv wirksamen Endorphins und des Hautpigmenthormons erhellt weitere Aspekte: Sonnenlicht fördert die Produktion des Pigmenthormons, vertreibt aber erwiesenermaßen auch die Melancholie. Die Naturheilkunde kennt außer der tinctura opii noch ein anderes pflanzliches Antidepressivum, das ebenfalls eine enge Beziehung zur Haut hat: Johanniskraut (Hypericum perforatum). Äußere und innere körpereigene Drogen können also die Haut für Sonnenlicht besonders sensibilisieren, die Produktion des Pigmenthormons und des zwar beruhigenden, aber stimmungshebenden Endorphins wird dadurch angeregt.

Bei ADH-Mangel: Trinkmenge 40 Liter pro Tag

Das ADH-Hormon (antidiuretisches Hormon) hat die Nieren fest im Griff und veranlaßt, daß die 15–30 Liter »Blutwasser«, die die Nieren pro Tag wegfiltrieren, wieder rückresorbiert werden. ADH ist chemisch identisch mit dem Vasopressin-Hormon, das die Blutgefäße etwas verengt und dadurch den Blutdruck erhöht. Und das Oxytocin-Hormon, das Wehen auslöst und sexuell gierig, aber auch sozial verträglich macht, ist dem ADH chemisch äußerst ähnlich.

Die Herstellung von ADH- und Oxytocinmolekülen in unserem Gehirn zeigt einige Besonderheiten: Zunächst wird ein viel größeres, kompliziert strukturiertes Molekül gebaut; dieses zerfällt in mehrere Einzelteile, unter denen auch ADH und Oxytocin sind. Beide Hormone sind jeweils eine Kombination aus neun Aminosäuren. Beim Zerfall entstehen weitere Einzelmoleküle, sog. Neurophysine, die ebenfalls – allerdings bisher ungeklärte – Botenfunktionen übernehmen.

All diese Botenstoffe werden im Hypophysenhinterlappen gespeichert, und zwar in den Endigungen der Nervenaxone, die von Nervenzellen des Hypothalamus ausgehen. Jeder elektrische Nervenreiz, der am Axon entlangläuft, regt die Botenstoffe speichernden Zellen an, ihren Inhalt – also ADH und Oxytocin oder Neurophysine – in den Blutkreislauf zu entleeren; dann können die hormonellen Botenstoffe in alle Regionen unseres Körpers gelangen.

Liegt ein akuter Mangel an ADH vor (z. B. durch eine Unfallschädigung des Hypophysenhinterlappens), dann muß man pro Tag bis zu 40 Liter Wasser trinken und fast genausoviel ausscheiden. Vermehrter Streß, Nikotin oder eine hohe Acetylcholin-Konzentration lassen ADH im Blut ansteigen und hemmen dadurch die Urinausscheidung. Alkohol dagegen unterdrückt das antidiuretische Hormon, folglich muß man bei stärkerem Alkoholgenuß häufiger Wasser lassen. Ähnlich wie Alkohol reduzieren auch einige Nahrungsmittel und Arzneien die ADH-Sekretion und wirken dadurch diuretisch. Die ADH-Ausschüttung ist abhängig von sog. Osmo-Rezeptoren, die die Konzentration von gelösten Teilchen, z. B. Kochsalz, in Flüssigkeiten messen. Wir können unsere ADH-Produktion anregen, indem wir beispielsweise stark gesalzene Speisen zu uns nehmen: ADH stoppt dann die Urinausscheidung, hält dadurch Körperwasser zurück, damit unser Blut nicht zu »salzig« wird, und erzeugt Durst.

Ärzte früherer Jahrhunderte schmeckten den Urin ihrer Patienten auf der Zunge, um festzustellen, ob er süß war (heute wird dies als Insulinmangel, als Diabetes mellitus diagnostiziert) oder nichtschmeckend (heute gilt dies als Mangel an ADH-Hormon, als Anzeichen für Diabetes insipidus). Die moderne Medizin kann beide Hormonmangel-Krankheiten behandeln; Insulin und ADH können künstlich hergestellt werden und stehen als Medikamente zur Verfügung.

Oxytocin – mehrfach talentiertes Sexualhormon

Bis vor wenigen Jahren war Oxytocin nur als Hormon bekannt, das Geburtswehen auslöst und nach der Entbindung in die Brüste der Mutter Milch einschießen läßt. Doch Oxytocin kann mehr: wird (unter Versuchsbedingungen) weiblichen oder männlichen Kaninchen eine stattliche Dosis Oxytocin injiziert, dann wächst in beiden Geschlechtern eine liebestolle Gier, die im Kopulationsrausch abreagiert wird. Auch der Mensch spürt solche lustvollen Regungen, wenn sein Oxytocin-Spiegel im Blut hoch ist.

Eine weniger hohe Oxytocin-Konzentration erweckt andere Neigungen: Umsorgende Muttergefühle erwachen, und bei Tierversuchen werden die zugehörigen Männchen zu hingebungsvollen Vätern. Ein mittlerer Oxytocin-Spiegel im Blut zeigt aber auch unabhängig von der Eltern-Kind-Konstellation sichtbare Effekte: Es wächst das Bedürfnis nach Hautkontakt, der Umgang mit den Mitmenschen wird freundlicher, als hätte das Gebot der Nächstenliebe das Oxytocin als Transmitter.

Umgekehrt ist es bei zu niedrigem Oxytocingehalt im Blut oder wenn die zugehörigen Rezeptoren im Gehirn geschwunden sind. In der Tierwelt entstehen auf diese Weise Einzelgänger. Bei fehlendem Oxytocin kann sogar asoziale Gewalt durchbrechen; der vormals fürsorgliche Kaninchenvater verschlingt, wenn ihn der Hunger plagt, hemmungslos seine eigenen Jungen.

Wird impotenten Männern das künstlich herstellbare Oxytocin injiziert, erfreuen sich die meisten einer selbstbewußtseinshebenden Erektion. Doch wegen der schwer einschätzbaren Risiken hat sich das Wehenmittel als potenzförderndes Aphrodisiakum nicht durchgesetzt. Psychologisch orientierte Sexualforscher bieten andere, nichtmedikamentöse Methoden, um das Oxytocin im Blut in Wallung zu bringen.

Mit einer Reihe von körperlich-seelischen Vorgehensweisen läßt sich Oxytocin positiv beeinflussen: tiefenpsychologische Verfahren, Verhaltenstherapie, myogene Übungen des Beckenbodens. Werden die Vulva oder Penis und Hoden stimuliert, dann wächst eine Oxytocin-Flut im Körper; Maximalwerte werden während des Orgasmus erreicht. Dabei kommt es, auch bei nicht schwangeren Frauen, zu Oxytocin-induzierten lustvollen Kontraktionen von Vagina und Uterus, die den Spermien den Aufstieg zum Eileiter erleichtern. Auch beim Mann bewirkt

Oxytocin ein wehenartiges Zusammenziehen der Cremaster-Muskulatur, eine relativ zierliche Muskelschicht, die Hoden und Samenstrang umgibt. Nicht nur das milchsaugende Baby reizt die Mamillen der Brustdrüse und sorgt für exzessive Oxytocin-Ausschüttung; manchmal werden bereits durch den Anblick eines Säuglings (oxytocinbedingt) die Milchdrüsen gefüllt. Dies ist ein eindrucksvolles Beispiel, wie durch visuelle Reize körpereigene Hormone stimuliert werden können; ein vergleichbares, bekanntes Beispiel ist die Anregung der Speicheldrüsen durch den Anblick oder die bildhafte Vorstellung lukullischer Speisen.

Werden die dicht mit Nerven besetzten Brustwarzen auf erotische Weise mechanisch gereizt, kann ähnliches ausgelöst werden wie durch den Säugling: die Oxytocin-Produktion kommt heftig in Schwung, und überdies wird das ebenfalls laktationsfördernde Prolactin in Umlauf gebracht. Auch wenn die männlichen Brustwarzen rudimentär anmuten, eignen sie sich ebenfalls zur Mobilisierung dieses sexuell belebenden Hormons.

Es ist anzunehmen, daß der körpereigenen psychosomatosexuellen Droge Oxytocin die facettenreiche Beeinflussung unseres gesamten Verhaltens nur mit Hilfe von weiteren Botenstoffen gelingt, beispielsweise mit den bereits erwähnten Neurophysinen. Viele derartige Botenstoffe, die die Zentraldroge in unterschiedlichem Maß unterstützen, bestimmen die Zielrichtung ihres Wirkens und Steuerns: zwischenmenschliches Verhalten, Mitgefühl, Geburtswehen, Laktation, vaginal-uterine Kontraktionen, sexuelle Gier.

Zuviel Wachstumshormon – Gigantismus oder ewige Jugend

21 Männer im reifen Alter zwischen 61 und 81 Jahren erfüllten sich einen Traum und setzten ihre ganze Hoffnung in eine hormonelle Verjüngungskur. Der medikamentöse Jungbrunnen von Milwaukee im US-Staat Wisconsin wurde von dem Arzt

und Wissenschaftler Daniel Rudman realisiert: Sechs Monate lang wurde zwölf der erwartungsvollen Pensionäre dreimal pro Woche das künstlich hergestellte Wachstumshormon STH injiziert (die übrigen neun Männer dienten nur als Kontrollgruppe und gingen leer aus). Das Vitalisierungsexperiment bereitete den Versuchspersonen und den Wissenschaftlern Freude: Die alternde Muskulatur erstarkte wieder, überschüssige Fettpolster verschwanden, und die Knochen wurden kräftiger. Die älteren Herren wirkten um Jahre verjüngt, waren leistungsfähiger, und die dünne, faltige Altershaut wurde dick-elastisch und glatter.

Jahrzehntelang hat man sich nur dann mit dem Wachstumshormon beschäftigt, wenn es nicht »wunschgemäß« funktionierte. Zeigt sich das STH träge und nur dünn im Blut verteilt, dann werden die Betroffenen zwergwüchsig, oft nur wenig größer als einen Meter. Doch auch ein Zuviel an STH erzeugt Unzufriedenheit: Menschenriesen, über zwei Meter große Giganten, sind keineswegs glücklich mit ihrem überflüssigen STH. Auch nach Abschluß des Wachstums, im reifen Erwachsenenalter setzt bisweilen ein STH-bedingtes Wachsen ein. Eine hyperdicke Schädelkalotte ist die Folge, Hände und Füße erreichen ungeheure Ausmaße. Das Gesicht wird durch den ausufernden Gigantismus der Schädelknochen übertrieben vergrößert und klobig. Als Akromegalie wird in der Medizin dieser Wachstumsschub im Erwachsenenalter bezeichnet.

STH ermuntert Knorpel- und Knochenzellen zum Wachstum und sorgt für ein reicheres Nährstoffangebot im Blut (Fettsäuren werden an dem Bauchspeck freigesetzt, der Blutzucker wird erhöht). Die Aktivitäten anderer Botenstoffe werden durch STH unterstützt, ob es sich um das hektische Adrenalin handelt oder um die muttermilchfördernden Oxytocin- und Prolactin-Moleküle. Nebendrogen, sogenannte Somatomedine, die aus der Leber stammen, unterstützen die Funktion der körpereigenen Wachstumsdroge STH. Wichtig ist vor allem das Somatomedin C, das die Proteinsynthese und die Zellteilung anregt. Die Pygmäen haben zwar ausreichend viel Wachstumshormon, aber kaum Somatomedin; wahrscheinlich ist dies die Ursache ihrer Kleinwüchsigkeit. STH ist überall im Körper aktiv; für die Wirkung reichen geringste Mengen; beim Säugling sind dies 18 Nanogramm (18 Milliardstel Gramm) pro Milliliter, im Erwachsenenalter finden sich nur noch etwa 3 Prozent dieses Wertes. Kinder wachsen vor allem nachts, denn da ist der STH-Ausstoß am größten.

Das Wachstumshormon des Menschen unterscheidet sich von dem der anderen Säugetiere. Für die medizinische Gewinnung von STH ist man also auf die Hypophysen von Menschenleichen angewiesen. Mit solchermaßen gewonnenen Medikamenten lassen sich bei rechtzeitiger Behandlung zwergwüchsige Kinder wieder zum Wachsen bewegen. Erst vor kurzem gelang die künstliche Herstellung von STH; dieses gentechnologische Produkt wurde bei dem oben geschilderten Milwaukee-Versuch erprobt.

Nicht nur STH und die Somatomedine fördern unser Wachstum; es werden immer mehr Wachstumshormone entdeckt, so das Erythropoetin, das Reifung und Vermehrung der roten Blutkörperchen antreibt. Und der Nervenwachstums-Faktor NGF (nerve growth factor) zieht die Aufmerksamkeit vieler Forscher auf sich. Der NGF weist schon im Embryo den wachsenden Nerven den richtigen Weg, damit z. B. der embryonale Ischiasnerv gezielt wächst und das Bein innerviert. Derart hochspezialisierte Wachstumshormone wie der NGF hat sicherlich jeder Nerv, und jedes Organ hat mehrere davon. Man rechnet, daß einige Hundert solcher Wachstumsfaktoren anregend und dirigierend in unserem Körper wirken. Auch die Alzheimer-Forschung beschäftigt sich mit dem Wachstumsantreiber NGF, um möglicherweise mit vergleichbaren Stoffen die Zerstörung von Hirnzellen zu stoppen.

Neuorientierung in der Medizin

Alle menschlichen Eigenschaften entsprechen einem bestimmten molekularen Muster. So tritt beispielsweise bei einem Wutausbruch eine Vielfalt von Botenmolekülen gleichzeitig in Aktion. Einige von ihnen sind bei dieser Reaktion besonders dominant (Adrenalin, Noradrenalin, Schilddrüsenhormone, Testosteron), sie inszenieren die sichtbaren und hörbaren Aspekte eines Wutausbruchs. Die Gesamtheit der Mechanismen eines Wutausbruchs (Gesichtsrötung, Gestikulieren, Herzklopfen) entspricht einer zeitlich-räumlichen Kodierung auf molekularer Ebene. Unterschiedliche Botenmoleküle fügen sich wie bei einem Puzzle zu einem Bild. Sobald ein besonderer Reiz (z. B. Ärgernis, Kränkung) auf einen Menschen trifft, wird ein »zugehöriges« molekulares Bild entfacht.

Aus der Tiefenpsychologie ist bekannt, daß jeder Mensch sich im Laufe seines Lebens eine Vielfalt von Reaktionen und Denkmustern aneignet. So werden schon in der frühen Kindheit Verhaltensmuster für bestimmte Situationen erlernt. Obwohl Reaktionen, Stimmungen und Gedanken in der Pränatalzeit und in der frühen Kindheit wesentlich geprägt werden, ist der erwachsene Mensch fähig, seine molekularen Bilder (die menschliche Eigenschaften, Verhaltensweisen repräsentieren), zu modifizieren oder durch neue zu ersetzen.

Bei der Auseinandersetzung mit den körpereigenen Botenstoffen bedingen drei Aspekte ein radikales Umdenken in der Medizin:

1. Dem uralten Rätsel Geist/Materie und Psyche/Leib werden neue Antworten angeboten (siehe S. 7 ff.).
2. Alle wichtigen Arzneidrogen, die die Medizin zur Therapie einsetzt, werden in ähnlicher (natürlich verträglicherer)

Form vom menschlichen Körper selbst hergestellt. Eine neuorientierte Medizin wird auf exogene Arzneidrogen allmählich verzichten müssen und statt dessen erforschen, wie auf nicht-exogene, natürliche Weise die körpereigenen Drogen als Heilmittel mobilisiert werden können. Man weiß, daß viele Krankheiten deshalb entstehen, weil die körpereigenen Drogen zu wenig stimuliert werden oder zu hoch konzentriert oder »falsch« kombiniert sind. Solche Krankheiten sind beispielsweise: funktionelle Herzrhythmusstörungen, Bluthochdruck, asthmatische Reaktionen, Allergien, Magen- und Darmdysregulationen, Diabetes, Depressionen, Schlafstörungen, Parkinson-Syndrom, Alzheimer-Syndrom, Über- und Untergewicht, einige immunologische Krankheiten, Schilddrüsenerkrankungen, Sexualstörungen, Leistungsabfall, Konzentrations- und Lernprobleme.
3. Mit Hilfe der körpereigenen Drogen können gezielt bestimmte Eigenschaften und Fähigkeiten verstärkt stimuliert werden.

Philosophen und Naturwissenschaftler des Abendlandes haben verschiedene Positionen zum Thema Geist/Materie oder Leib/Seele eingenommen. Nach dem dualistischen Prinzip, das u. a. Descartes im 17. Jahrhundert vertrat, sind Körper und Geist zwei eigenständige Substanzen, die aufeinander einwirken (Interaktionismus). Die Neurophysiologen unseres Jahrhunderts betrachten die aktiven Regionen des Gehirns als den Ort dieser Wechselwirkungen.

Der holländische Philosoph Spinoza hat unmittelbar nach Descartes ein anderes – monistisches – Geist/Materie-Konzept vorgelegt: Er sieht Geist und Materie als zwei unterschiedliche Phänomene ein und derselben Substanz, die von außen betrachtet Materie, von innen betrachtet Geist, Psyche, Bewußtsein ist.

Die Entdeckung der Botenmoleküle als Träger von Gedanken und Gefühlen läßt die »materialistische Metaphysik« von Spinoza wieder aktuell werden. Die materiellen Feinstrukturen unseres Körpers sind die Botenstoffe (hier wird die Substanz von außen betrachtet) und entsprechen den Feinstrukturen unseres Geistes und unserer Psyche (hier wird die Substanz von innen betrachtet). Der Berührungspunkt zwischen Geist/Psyche und Materie wird so offenbar. Materie im herkömmlichen Sinn ist an diesem Berührungspunkt nicht vorhanden. Die Botenmoleküle sind, in Atome zerlegt, fast völlig »leer«, nahezu frei von Materie. Nur winzige Bruchteile ihres Volumens haben materieähnliche Eigenschaften, zeigen einen nicht definierbaren Energiefeldcharakter. Aber auch aus psychologischer Sicht spricht man, in Anlehnung an physikalische Energievorstellungen, von geistiger oder psychischer Energie. Der Bereich der Botenmoleküle (Materie) und der Bereich der Gedanken und Gefühle (Geist/Psyche) haben eine (nicht materielle) nicht definierbare Energie als gemeinsame Verbindung.

Die materialistisch orientierte medizinische Wissenschaft sucht nach objektiven, allgemein gültigen Erkenntnissen, indem sie das »Forschungsobjekt« (Pflanze, Tier oder Mensch) analytisch in mikroskopisch kleine Grundbausteine zerlegt, anschließend die Einzelteile des sezierten Körpers – auf theoretische Weise – wieder zu dem ursprünglichen »Ganzen« zusammenfügt (was praktisch nicht möglich ist) und dadurch das Leben zu erforschen versucht. Oft geht dabei das Forschungsobjekt, beispielsweise ein Versuchstier, zugrunde.

Das wachsende Unbehagen an dieser medizinischen Forschung wird zwangsläufig zu einem radikalen Umdenken, zu einer neuen Art von Wissenschaft führen, bei der ein Lebewesen in der ihm eigenen Existenz respektiert wird und in seiner Gesamtheit unversehrt erhalten bleibt (vgl. die Methode des Zen), wobei die individuellen Besonderheiten entscheidend sind. Einen Weg zu dieser neuen Art von Wissenschaft eröffnet das in diesem Buch geschilderte Modell, in dem Botenstoffe als Träger menschlicher Eigenschaften fungieren. Jeder Mensch hat die Fähigkeit, seine körpereigenen Botenstoffe und seine psychische Energie auf die ihm eigene, individuelle Art zu aktivieren – dies könnte die Grundlage für eine neue, am Individuum orientierte Wissenschaft, für eine humanistische Medizin sein.

ANHANG

Methoden zur Mobilisierung körpereigener Drogen

Genannt werden nur solche Methoden, die ohne Einnahme äußerlicher Drogen (Medikamente) und ohne technische Apparaturen möglich sind:

Aktives Imaginieren

Damit lassen sich sowohl anregende als auch beruhigende oder kreativitätsfördernde körpereigene Drogen gezielt freisetzen. Imaginieren heißt, eine bildhafte Vorstellung, ein inneres Bild entwickeln. Den Begriff »Imaginieren« bzw. »Imagination« hat C. G. Jung in den Bereich der Psychologie eingeführt; seither wurde diese »Psychotechnik« vielfach modifiziert: als Selbstentspannungsübung, zur Behandlung von Phobien (z. B. Platzangst), in der tiefenpsychologischen Therapie, als sog. Tagtraum-Technik, zur Steigerung von Selbstbewußtsein und Phantasie oder als psychologisches Training bei Spitzensportlern. Auch Künstler und Wissenschaftler nutzen die inneren Bilder ihrer (Tag-)Träume: So hat der Chemiker Kekulé die chemische Struktur von Benzol als inneres Bild (als ringförmige Verbindung) erfahren. Auf ähnliche Weise hat der Biochemiker F. Crick die DNS, die Grundstruktur der Chromosomen, entdeckt.

Das jeweilige Bild, das wir uns in unserem Inneren vorstellen, setzt ein bestimmtes Muster an Botenstoffen frei: Will man schlafen, so stellt man sich eine völlig entspannte Situation vor, wobei sedierende Botenstoffe wie Endovalium und Serotonin aktiviert werden. Möchte man die eigene Trägheit vertreiben, so vergegenwärtigt man sich bildhaft eine Sequenz von Aktivitäten. Dank der Ausschüttung von Noradrenalin, Dopamin und Acetylcholin wird man sich alsbald deutlich munterer und unternehmungsfreudiger fühlen.

Atemtechniken

Für viele Meditationsverfahren wurden oft eigene Atemtechniken entwickelt. Die meisten Atemübungen wirken harmonisierend auf die endogenen Regelmechanismen der körpereigenen Botenstoffe (siehe auch Yoga, Meditation, Autogenes Training, Hyperventilation).

Ausagieren

Das Ausagieren einer momentanen Stimmung ist offensichtlich günstig als »Training« für die spontane (auch unbewußte) Mobilisierung von körpereigenen Drogen. Kontinuierliches Sich-Zusammenreißen und Sich-Anpassen dämpft die endogenen Botenstoffe in ihrer Aktivität, was die Biofeedback-Regelmechanismen im Körper nachhaltig stören kann.

Autogenes Training (Selbsterfahrung, Autosuggestion)

Zur tiefgehenden Selbstentspannung ist Autogenes Training ein leicht erlernbares Verfahren, das nach mehreren Übungsstunden ohne fremde Hilfe angewandt werden kann. Während der Übungen kann man sich immer mehr innerlich lösen und die eigene körperlich-seelische Ausgeglichenheit steigern. Das Prinzip des Autogenen Trainings liegt, zumindest während der ersten Übungsstunden, in der Selbstbeeinflussung, der sog. Autosuggestion. Durch stark gefühlsbetonte Erwartungen, aber auch durch zielgerichtetes Denken, verändert man physisch-psychische Vorgänge; auf diese Weise werden verschiedene Botenstoffe mobilisiert: vegetativ harmonisierende, sedierende, anxiolytische und analgetische Botenmoleküle. Zum Erlernen des Autogenen Trainings ist ein mehrmonatiges Üben (am besten unter Anleitung) erforderlich. Selbstentspannungsübungen können unter bestimmten Voraussetzungen auch in einen meditativen Zustand übergehen. Das Autogene Training wirkt auf: Serotonin, Endovalium, Endorphine, Melatonin.

Beobachtende Achtsamkeit

Schmerzhafte und ermüdete Körperregionen (z. B. die Beine) werden konzentriert beobachtet, die ganze Aufmerksamkeit wird auf die spürbaren somatischen Erscheinungen gerichtet; autosuggestive Momente spielen dabei eine Rolle. Die Freisetzung von Endorphinen oder – bei Konzentrierung auf den cerebralen Bereich – die Mobilisierung von Acetylcholin und Noradrenalin kann erreicht werden.

Biorhythmus

In der Natur lassen sich unzählige rhythmische Vorgänge beobachten: Tag und Nacht, Ebbe und Flut, Wachsen und Sterben, die Zyklen des Mondes usw. Für die eigene Ausgeglichenheit kann es wichtig sein, den eigenen individuellen Biorhythmus zu finden (z. B. im geordneten Wechsel von Ruhe und Aktivität). Positiv regulierend wirkt dies auf die in ihrer Konzentration periodisch schwankenden Botenstoffe wie Serotonin, Melatonin, Noradrenalin, Cortisol.

Brainstorming

Hier ist der einzelne aufgefordert, sich als hyperaktiver Gedankenkünstler zu fühlen und ohne Selbstzensur jede spontan aufkommende Idee zu äußern. Üblich ist dieses Training meist mit mehreren Teilnehmern. Es ist eine kreativitätsfördernde, geistig anregende Methode, mit der unter anderem die Botenstoffe Noradrenalin, Dopamin, Acetylcholin und Schilddrüsenhormone stimuliert werden.

Extrembelastungen

Längerdauernde, eventuell (lebens-)gefährliche Extrembelastungen (z. B. Steilwandklettern, Drachenfliegen, Einmannsegeln im Ozean, gefährliche Wanderungen im Nebel) erhöhen enorm die Blutspiegel von Noradrenalin, Acetylcholin sowie der Endorphine und männlichen Sexualhormone. Einige schwer Depressive nutzen (bewußt oder unbewußt) solche Extrembelastungen zur psychischen Stimulierung und allgemeinen Stimmungshebung.

Hyperventilation

Eine ohne Bedarf (in Ruhe) exzessiv gesteigerte Atmung wird Hyperventilation genannt; damit kann über eine vermehrte Ausschüttung von körpereigenen Psychedelika sowie Endorphinen und Dopamin ein außerordentlicher tranceähnlicher Bewußtseinszustand erreicht werden.

Katathymes Bilderleben (Tagtraum-Technik)

Der Mensch hat die Fähigkeit, seine Stimmungen und Sehnsüchte als innere Bilder und Szenen nachzuerleben. Das Katathyme Bilderleben (das als psychotherapeutische Methode gilt) hat viele Aspekte des Aktiven Imaginierens übernommen, ist aber stärker strukturiert und konzentriert sich auf eine eingegrenzte Zahl von Phantasiebildern. Hinsichtlich der Mobilisierung von Botenstoffen vgl. Aktives Imaginieren.

Klinische Ökologie

Auf bestimmte Stoffe (z. B. in der Nahrung) kann nicht nur die Haut, sondern auch die Psyche allergisch reagieren. Die Klinische Ökologie erforscht ernährungs- und umweltbedingte Krankheiten von Psyche und Körper. Bei körperlichen und/oder psychischen allergischen Reaktionen werden aufgrund einer überschießenden Fehlreaktion bestimmte Botenstoffe (z. B. Histamine) in extremer Menge in Umlauf gebracht, oder es entstehen »falsche« Kombinationen von Botenstoffen. Ziel ist, die allergisierenden Stoffe durch bestimmte Tests zu erkennen und dann aus der täglichen Ernährung zu bannen.

Konzentrierte Aktivität: s. Trance

Lerntraining

Durch Lernen wird nachweislich eine Mehrproduktion von Acetylcholin bewirkt (und ein gleichzeitig entstehendes Mehr an Noradrenalin steigert die Wachheit).

Mechanische Reize, Selbstmassage

Einige Organe, die Botenstoffe bzw. Hormone produzieren, können durch manuelle Reizung oder Selbstmassage zu vermehrter endogener Drogenproduktion angeregt werden (z. B. die Schilddrüse, die Sexualorgane). Auch über andere Körperfunktionen (z. B. Rücken, Gesicht) lassen sich bestimmte Botenstoffe stimulieren (z. B. Endorphine), besonders ausgeprägt bei der Akupressur (manuelle Variante der Akupunktur). Erfolgreiche Anwendung finden auch unterschiedliche Segment- und Reflexzonenmassagen. Solche spezifischen körperbezogenen Methoden (kombiniert mit kleinen Bewegungsübungen) erhöhen nicht nur den Endorphinspiegel, sondern können auch zur Mobilisierung von Acetylcholin und Noradrenalin beitragen.

Meditation

Mit Hilfe von Selbstentspannungsübungen versucht man zunächst, innere Ruhe und Entspannung zu erreichen und die Außenreize auszuschließen, um schließlich zu einer tiefen Versenkung zu kommen, einem Schwebezustand zwischen Bewußtsein und Schlaf, einem »passiven Bewußtsein« (ohne bewußtes Denken, ohne Zeiteinteilung, ohne Zweckgebundenheit). Ein meditativer Zustand kann aber auch durch Atemübungen, Tanz, bestimmte Bewegungsabläufe, Musik, Betrachtungen, Gebete oder religiöse Gesänge erreicht werden. Meditation ist aber nicht nur eine beruhigende, sondern auch eine aktivierende und kreativitätssteigernde Übung: Das wiederholte nach Innen-gerichtet-Sein fördert im halbmeditativen oder im Wachzustand symbolisches und paralogisches Denken. Intuitives Reagieren und ein ungehemmter Fluß von Assoziationen kommen zum Tragen. Durch Meditieren werden u. a. folgende Botenstoffe mobilisiert: Serotonin, Dopamin, Endorphine, Melatonin, Endovalium, körpereigene Psychedelika. Als Folge der Meditation wird manchmal vermehrt Noradrenalin ausgeschüttet (siehe auch Zen-Meditation).

Monotonisierung

Motorische und mentale Monotonie (bewußtes Atmen, Meditieren, Marathonlaufen, ZaZen usw.) kann zu Selbstentgrenzungserfahrungen führen (vermehrte Bereitstellung endogener Psychedelika).

Orthomolekulare Medizin

Dieser Begriff geht auf den amerikanischen Chemiker und Nobelpreisträger Linus Pauling zurück: »orthomolekular« bedeutet, daß die richtigen Substanzen (z. B. Vitamine, Spurenelemente) in einer richtigen Konzentration im Körper vorhanden sein müssen, um geistig-seelisches Wohlbefinden zu erreichen. Seit langem ist bekannt, daß ein relativer Mangel an bestimmten Vitaminen (z. B. Vitamin B_1) schizophrenieähnliche Störungen bewirken kann. Auch für die Herstellung der Botenstoffe braucht der Körper bestimmte Grundstoffe. Nahrungs- und Umweltgifte (z. B. giftige Metalle wie Blei, Cadmium, Quecksilber, Aluminium, Lithium) können die Herstellung der körpereigenen Transmitter und Hormone erheblich beeinträchtigen.

Placebo-Phänomen

Neu definiert ist Placebo ein Stimulans, das die Selbstregulierungs- und Selbstheilungskräfte im Menschen mobilisiert; Placebo muß nicht gegenständlich sein, sondern kann auch geistige Kraft oder ein Heilritual sein. So gesehen steht Placebo auch im Mittelpunkt von rituell-mystischen oder religiösen Heilungspraktiken. Durch Placebo können – ähnlich gezielt wie durch Aktives Imaginieren – bewußt ausgewählte Botenstoffe mobilisiert werden. Wissenschaftlich nachgewiesen ist ein Konzentrationsanstieg der körpereigenen Endorphine bei Menschen mit guten Selbstregulierungskräften.

Reizüberflutung

Dieser aus der Psychologie stammende Terminus bedeutet extremes Überflutetwerden durch akustische, optische und andere sensorische Reize. Angehörige afrobrasilianischer Sekten (Umbanda, Condomblé) nehmen beispielsweise regelmäßig an festlichen Séancen teil: laut-monotones Trommeln, rotierend-drehendes Tanzen usw. führen zu ritueller Trance. Bekannter sind bei uns die Reizüberflutungen durch Musik und Tanz in Diskotheken. Über die Einwirkung auf die endogenen Drogen siehe Reizentzug.

Reizentzug

Für Experimente sind Räume geschaffen, die gegen jegliche Reize von außen abgeschirmt sind; Isolationstanks, die zum Aufenthalt von Versuchspersonen dienen, werden tief in der Erde oder unter Wasser installiert; man spricht auch von Camera silens (schalltoter, dunkler Raum). Eine natürliche Art des Reizentzugs ist die schon aus der Bibel bekannte Askese in der Wüste. Sowohl durch Reizentzug als auch durch Reizüberflutung werden körpereigene Psychedelika, Noradrenalin, Endorphine und Dopamin angeregt.

Schlafentzug

Als »asketisches Wachen« war der Schlafentzug im mittelalterlichen Christentum von Bedeutung, um zu übersinnlicher Erfahrung zu gelangen. Auch andere Religionen kennen diese Methode. Ein auf angenehme Weise durchgeführter Schlafentzug ist eine Möglichkeit, depressive Stimmungen nachhaltig zu bessern. Durch Schlafentzug können folgende Botenstoffe mobilisiert werden: Noradrenalin, körpereigene Psychedelika, Serotonin.

Selbsthypnose (Autohypnose)

Mit Hilfe der Autosuggestion (aktive Selbstbeeinflussung unter Umgehung der »Großhirnrinden-Eigenschaften«) kann ein selbst herbeigeführter, hypnotischer Zustand erreicht werden: ein ruhiger Zustand zwischen Bewußtsein und Schlafen (vgl. Autogenes Training, Katathymes Bilderleben).

Sexualität

Bei intensiv erlebter Masturbation und bei heftigen Orgasmen in der Partnersexualität kann es durch die exzessive Mobilisierung von körpereigenen Psychedelika, Endorphinen und Dopamin zu rausch- oder tranceähnlichen Bewußtseinszuständen kommen. Darüber hinaus erreichen die Sexualhormone dabei maximale Konzentrationen im Blut.

Tagtraum-Technik: siehe Katathymes Bilderleben.

Tanzen

Ekstatisches Tanzen fördert die Ausschüttung von Noradrenalin, Adrenalin, Schilddrüsenhormonen und Endorphinen.

Trance

Eine gesteigerte Form des Erlebens mit exzessiv vertiefter Wahrnehmung. Trance-Phänomene können psychedelische Zustände einleiten (Dopamin und Endorphine spielen als Träger der Trance eine erhebliche Rolle).

Yoga

Das Streben nach Einheit zwischen Körper und Seele ist ein wesentlicher Aspekt von Yoga, der verbreitetsten aller östlichen Heilslehren. Hatha (Sonne, Mond)-Yoga ist durch Anspannungs- und Entspannungsübungen des Körpers gekennzeichnet. Während der Durchführung ist eine unbedingte Konzentration auf das Atmen erforderlich. Angestrebt wird ein meditativer Zustand, ein Sich-leer-Machen, Nicht-Denken ist Ziel. In bezug auf die Botenmoleküle wirkt Yoga nicht nur entspannend und beruhigend (Endorphine, Serotonin, Endovalium), sondern auch leicht aktivierend (Dopamin, Noradrenalin).

Zen-Meditation (ZaZen)

Der Ursprung dieser Meditationsart liegt in den japanischen Zen-Klöstern. Typisch hierfür sind: absolut ruhige Sitzhaltung (Lotussitz), die Augen leicht geöffnet auf eine leere Wand gerichtet und konzentriertes Atmen. Angestrebt wird Gedankenleere, die den Blick für das Wesen des eigenen Seins öffnet. Ziel ist »satori«, Erleuchtung. Biochemisch ist dieser meditative Zustand mit einer Erhöhung körpereigener Psychedelika verbunden, auch Dopamin und Endorphine steigen an.

Literaturhinweise

Akil, Huda u. a.: Endogenous Opioids. Biology and Function. Ann. Rev. Neurosci. (Zschr.) 1984.
Avoli, Massimo u. a. (Hrsg.): Neurotransmitters and Cortical Function. From Molecules to Mind. Plenum Press. New York 1988.
Benkert, O. u. Hippius, H.: Psychiatrische Pharmakotherapie. Springer Verlag. Berlin 1980.
Birkmayer, W. u. Riederer, P.: Understanding the Neurotransmitters: Key to the Workings of the Brain. Springer Verlag. New York 1989.
Breggin, P. R.: Psychiatric Drugs – Hazards to the Brain. New York 1983.
Chopra, Deepak: Die heilende Kraft. G. Lübbe Verlag. Bergisch-Gladbach 1989.
Dittrich, Adolf u. Scharfetter, Christian: Ethnopsychotherapie. Enke Verlag. Stuttgart 1987.
Donovan, Bernard T.: Hormones and Human Behaviour. Cambridge University Press. Cambridge 1985.
Eccles, John C.: Gehirn und Seele. Erkenntnisse der Neurophysiologie. Piper Verlag. München 1987.
Einstein, Albert: Interview u. a. über Wechselwirkungen von Materie und Energie, in: New York Times, 25. 5. 1946.
Elbert, Thomas u. Rockstroh, Brigitte: Psychopharmakologie. Springer Verlag. Berlin 1990.
Fromm, Erich, Suzuki, D. T. u. de Martino, Richard: Zen-Buddhismus und Psychoanalyse. Suhrkamp Verlag. Frankfurt 1971.
Genazzani, Andrea R. u. Müller, Eugenio E. (Hrsg.): Central and Peripheral Endorphins. Basic and Clinical Aspects. Raven Press. New York 1984.
Grof, Stanislav: Topographie des Unbewußten. Verlag Klett-Cotta. Stuttgart 1988.
Haerlin, Peter: Wie von selbst. Vom Leistungszwang zur Mühelosigkeit. Quadriga Verlag. Berlin 1987.
Hofmann, Albert: LSD – Mein Sorgenkind. Verlag Klett-Cotta. Stuttgart 1979.
Jaffe, Dennis T.: Kräfte der Selbstheilung. Verlag Klett-Cotta. Stuttgart 1983.
James, William: Die Vielfalt religiöser Erfahrung. Walter Verlag Olten u. Freiburg 1980.

Kuriyama, Kinya (Hrsg.): Neurotransmitters and Neuroreceptors. New Approachs in Neurotransmitter Function. Excerpta Medica. Tokio 1987.
Lazarus, Arnold: Innenbilder. Imagination in der Therapie und als Selbsthilfe. J. Pfeiffer Verlag. München 1980.
Leuner, Hanscarl: Halluzinogene. Psychische Grenzzustände in Forschung und Psychotherapie. H. Huber Verlag. Bern 1981.
Leng, Gareth (Hrsg.): Pulsatility in Neuroendocrine Systems. CRC Press. Boca Raton (Florida) 1988.
Lilly, John C.: Der Scientist. Sphinx Verlag. Basel 1984.
Maass, Hermann: Der Therapeut in uns. Heilung durch aktive Imagination. Walter Verlag. Olten 1981.
Martensson, Lars: Sollen Neuroleptika verboten werden? in: Pro Mente Sana (Zschr.) Nr. 3. Weinfelden (Schweiz) 1988.
Ornstein, Robert u. Sobel, David: The healing brain. Simon & Schuster Inc. New York 1987.
Popper, Karl R. u. Eccles, John C.: Das Ich und sein Gehirn. Piper Verlag. München 1987.
Schmidt, R. F. u. Thews, G. (Hrsg.): Physiologie des Menschen. Springer Verlag. Berlin 1987.
Searle, John R.: Geist, Hirn und Wissenschaft. Suhrkamp Verlag. Frankfurt 1986.
Snyder, Solomon H.: Chemie der Psyche. Drogenwirkungen im Gehirn. Verlag Spektrum der Wissenschaft. Heidelberg 1988.
Smith, James E. u. Lane, John D. (Hrsg.): The Neurobiology of Opiate Reward Processes. Elsevier Biomedical Press. Amsterdam 1983.
Sternbach, L.: Die Benzodiazepin-Story. in: Linde, O. K.: Pharmakopsychiatrie im Wandel der Zeit. Tilia Verlag. Klingenmünster 1988.
Suzuki, D. T.: Introduction to Zen Buddhism. Rider. New York 1974.
Zehentbauer, Josef: Chemie für die Seele. Psyche, Psychopharmaka und alternative Heilmethoden. Verlag 2001. Frankfurt 1991.
Zehentbauer, Josef: Die Seele zerstören. Neuroleptika – der größte Arzneimittel-Skandal des Jahrhunderts. Videocassette BOA-Studio/R. Winzen Verlag. München 1989.
Zehentbauer, Josef: Psychotherapie – (Wieder-)Anpassung oder Befreiung. R. Winzen Verlag, München (in Vorbereitung).

Register

Acetylcholin 20, 22, 24, 28, 35 ff., 43, 47 f., 50, 58, 60 ff., 64, 66, 69, 89, 93 ff., 99 ff., 102 ff., 138, 143, 171, 181, 183 ff.
Acetylcholinesterase 100, 103
ACTH (adrenocorticotropes Hormon) 69, 83, 151, 158, 168 f.
Adenohypophyse 167 ff.
ADH (antidiuretisches Hormon) 24, 69, 74, 83, 166, 169 ff.
Adrenalin 39, 41 f., 45, 47, 50, 52 f., 57, 61, 64, 66, 70, 83, 104 ff., 108, 113, 138, 149, 151, 160 f., 174, 176, 188
Aggression 24, 46 ff., 53, 55, 61 f., 74, 110, 117, 165
Aggressivität s. Aggression
Aghajanian, G. 128, 145
Akil, H. 88
Akromegalie 174
Akupressur 88, 185
Akupunktur 37, 52, 54, 88, 185
Aldosteron 70, 72, 158, 160
Alkohol 8, 46, 53, 59, 84 f., 109, 114 f., 118, 171
Allergie 158, 177, 184
Alzheimer Krankheit 16, 36 f., 62, 93, 100, 102 f., 143, 175, 177
Amine 41
Aminosäure 16, 22, 41, 66 f., 71, 80 f., 114, 161
Amphetamine 108 f., 139
Anabolika 55
Analgesie 20, 77, 84, 87 f.
Androgene s. Testosteron
Angiotensin 70

Angst 46 f., 52 f., 58, 60, 62, 70, 77 f., 82, 86 ff., 106, 115 f., 119 f., 131, 137, 142
Antidepressiva 8, 36, 47, 85, 102, 108, 115 f., 141 ff., 148
Aphrodisiaka 94, 172
Arieti 146
Arteriosklerose 85, 136, 157
Asthma 105, 108, 157 f., 177
Atemtechnik 86, 121, 130, 182, 185
Atom 10, 178
ATP (Adenosintriphosphat) 43, 151
Atropin 93 f., 101
Ausagieren 113, 140, 182
Autosuggestion s. Training, Autogenes
Axon 29 f., 38 f., 97, 135, 171

Balken (Corpus callosum) 25, 28
Bauchspeicheldrüse (Pankreas) 40, 161
Beck 146
Benzodiazepine 46, 114 ff., 121
Beruhigungsmittel 36, 116
Beta-Endorphin 83, 88, 90, 149, 169
Bewußtsein 12, 26, 41, 57, 59, 106, 126 ff., 177
Bilderleben, Katathymes (Tagtraumtechnik) 104, 121, 130, 140, 184, 188
Biorhythmus 33, 52 f., 72, 75, 113, 159, 167, 183
Blutdruck 24, 41, 53 f., 69, 72, 78, 99, 106 f., 110, 120, 170

Blut-Hirn-Schranke 56, 79, 95, 103, 139
Boss, M. 127
Botenstoffe s. Transmitter
  s. Organ-Botenstoffe
Brainstorming 115, 183
Brücke (Pons) 21

Caesium 83
Cajal 28 f.
Calcitonin 70, 157
cAMP (cyclisches Adenosinmonophosphat) 151
Cannabis 8, 59, 85
Capra, F. 10
Carlsson, A. 133
Celsus, A. C. 76
Cholesterin 16, 157 f.
Computer-Tomographie 29
Corpus striatum 133, 135, 138
Cortisol 50, 52 f., 64, 66, 70 f., 105, 149, 158 f., 183
Cortison 39, 52, 90, 149 f., 158 f.
Crick, F. 181
Curare 95
Cushing-Syndrom 160

Dendrit 29, 38 f.
Depression 47, 55, 57 f., 62, 72, 83, 85 f., 100, 102, 110, 131, 137, 141, 147, 155 f., 162, 166, 177, 184, 188
Deprivation, sensorische (perzeptive) s. Reizentzug
Descartes, R. 32 f., 177
Diabetes 159, 161 f., 171, 177
Dopamin 20, 22, 24, 28, 36, 40 ff., 47 f., 50, 54, 56 ff., 60 ff., 64, 70, 73, 86 f., 104, 108 ff., 112, 128, 130 ff., 141 f., 181, 183 f., 186 ff.
Drogen, exogene 7 f., 38, 59, 68, 123, 139, 149, 177
  s. auch Halluzinogene

Drogen, körpereigene (endogene)
– aktivierende 8, 48 ff., 53, 64 f., 69 ff., 181 ff.
  s. auch Adrenalin
    Noradrenalin
    Dopamin
    Schilddrüsenhormone
    Sexualhormone, männliche
    Oxytocin
– angstlösende 8, 48, 64 f., 69 ff., 75 ff., 181 ff.
  s. auch Endovalium
    Endorphine
    Serotonin
– bewußtseinserweiternde 8, 64 f., 69 ff., 183 ff.
  s. auch Psychedelika, körpereigene
– schmerzstillende 8, 46, 64 f., 69 ff., 75 ff., 181 ff.
  s. auch Endorphine
    Endovalium
    Serotonin
– stimmungsaufhellende (antidepressive) 8, 47, 55, 64 f., 69 ff., 75 ff., 181 ff.
  s. auch Noradrenalin
    Sexualhormone
    Serotonin
    Dopamin
    Oxytocin
    Endorphine
    Endovalium
    Psychedelika, körpereigene
    Schilddrüsenhormone
– beruhigende 8, 47, 50, 64 f., 69 ff., 75 ff., 181 ff.
  s. auch Endovalium
    Endorphine
    Serotonin
    Melatonin

- sexuell anregende 8, 48, 62, 64f., 69ff., 181ff.
  s. auch Dopamin
  Sexualhormone
  Oxytocin
  Schilddrüsenhormone
- euphorisierende 8, 48, 64f., 69ff., 75ff., 181ff.
  s. auch Endorphine
  Psychedelika, körpereigene
- intellektuell fördernde 8, 47, 64f., 69ff., 181ff.
  s. auch Adrenalin
  Noradrenalin
  Acetylcholin
  Serotonin
  Schilddrüsenhormone
- bewegungs-harmonisierende 56, 64f., 69ff., 181ff.
  s. auch Dopamin
  Acetylcholin
  Noradrenalin
  Schilddrüsenhormone
Drogenentzug, körpereigener 88
Dynorphin 90

Eccles, J. 9f.
Einstein, A. 12
Ekstase 56, 59, 78, 84
Elektronencephalogramm (EEG) 17
Elektronenmikroskopie 29
Embryologie 11
Embryonalentwicklung s.
  Periode, pränatale
Endokrinologie 63, 162
Endorphine 8, 20, 24, 28, 36f., 44ff., 48, 50, 54, 60f., 64, 68, 70f., 73, 75, 78, 81, 83ff., 87, 90, 92, 116f., 147f., 166, 169f., 182ff., 186ff.
Endovalium 22ff., 28, 36, 47, 50, 61, 64, 70, 115ff., 121, 144, 147f., 181f., 186, 189
Energie 12, 50ff., 54, 65, 109, 178
Entspannungsübungen 121, 181f., 185, 189
Enzym 44, 100
Enkephaline s. Endorphine
Epilepsie 16, 26, 119
Ernst, M. 123
Erythropoetin 175
Esoterik 12
Euphorie 20, 24, 44f., 60, 76, 82, 139
Eutonie 121
Evolution 13
Extrapyramidales System 21f., 56, 137
Extrembelastung 86, 93, 113, 130, 183f.

Fasten 59, 122f., 129f.
Freud, S. 109, 139
FSH (Follikel stimulierendes Hormon) 70, 164

GABA (Gammaaminobuttersäure/-acid) 18, 41, 48, 50, 61, 70f., 118ff., 138
Gall, F.J. 20
Gamma-Endorphine s. Endorphine
Geburtswehen 24, 61, 67, 73, 170ff.
Gedächtnis 18, 20f., 25, 28, 30, 35f., 38f., 43, 47f., 59, 61, 63, 69, 93f., 97f., 100f.
Gehirn 7, 9, 12f., 16ff., 25, 33, 35, 38, 43, 46f., 58, 78, 80, 94, 114, 118, 128, 133f., 141f., 145, 151, 158, 164, 168, 170, 177
Genie 42, 70, 135
Gentechnologie 120, 145, 175
Gestagene s. Sexualhormone

Gigantismus 173f.
Gliazellen 18f.
Glucocorticoide (Corticosteroide) s. Cortisol
Glukagon 71, 151, 161
Glukose 16f., 67, 71, 105, 151f., 159ff.
Glutaminsäure 18, 66, 71, 138
Glycin 71, 81
Glykogen 16, 161
Goldstein, A. 84
Gonadotropin 70f., 164, 168
Grenzwissenschaften 12
Grof, St. 126f., 129
Großhirn 15, 22, 24f., 56, 97, 128, 135
Großhirnrinde (Cortex) 20f., 25, 28, 37, 47, 71, 82, 89, 97, 111, 115, 118f., 127, 145

Halluzinationen 57, 87f., 93, 112, 123, 134, 162
Halluzinogene (psychedelische Drogen) 123ff., 128
Harmin 124
Haschisch 114
Heiltanz s. Tanzen
Heroin 77ff., 114
Hippokrates 93, 147
Hirnanhangdrüse 22, 24, 39, 47, 63, 82f., 138, 150, 158, 165ff., 169, 175
Hirnareale 20, 24, 46f., 82, 111f., 128, 133, 169
Hirnchirurgie 11, 20, 25, 97
Hirn-Gonaden-System 163
Hirnregionen s. Hirnareale
Hirnforschung 10f., 15
Hirnrinde 18, 20, 25, 97f., 112
Hirnventrikel 16, 22
Hirnzellen 7, 9, 13, 17, 28, 161, 175
Histamin 39, 67f., 71, 78, 89, 146, 184

Hofmann, A. 124f., 129
Hormone 7, 16, 24, 32, 38ff., 47, 54, 60f., 66, 83, 148ff., 186
Hughes 80
Huxley, A. 123
Hydrotherapie 121, 153
Hyperventilation 130, 182, 184
Hypnose 92, 144
Hypophyse s. Hirnanhangdrüse
Hypothalamus 22f., 46, 111, 165, 167ff.

Ibogain 59
Ibotensäure 124
ICSH (Inter Cell Stimulating Hormon) 164
Imaginieren, aktives 92, 104, 113, 121, 140, 166, 181, 184, 187
Immunreaktion 19, 53, 64f., 74, 130, 137, 159, 169
Informationsspeicherung s. Gedächtnis
Informationsübertragung 29, 34
Inhibin 166
Insulin 39f., 45, 66, 71, 151, 161f., 171
Intelligenz 25, 69
Ionenkanälchen 15, 29ff., 43

Jaffé, A. 134
James, W. 12
Johanniskraut (Hypericum perforatum) 170
Jung, C. G. 127, 134, 181

Kalium 43, 160
Kallidin 72
Kallikrein 72
Kalzium 83, 156f.
Kekulé 181
Kernspin-Tomographie 29
Kinine 60, 67f., 72, 89, 146
Kleinhirn 21, 71, 118f.

Kodein 78
Kokain 59, 109, 114, 139
Kosterlitz 80
Krankheit 51ff., 62f., 74, 76, 83, 161, 166, 177
Kreativität 20, 22, 48, 56f., 70, 123, 130, 135, 137, 181, 183, 186

Lebensenergie s. Energie
Leuner, H. 129
Levin, J. 91
Lewinson 146
LH (luteinisierendes Hormon) 72, 164
LHRH (Gonadotropin-Releasing-Hormon) 72
Limbisches System 20, 22, 24, 46f., 62, 82, 89, 99, 111, 115, 118, 127, 134, 138, 145, 165
Liquor 16, 22, 48, 54, 138f.
Lithium 83, 155f.
Locus caeruleus 22, 82, 106, 110ff., 128
Loewi, O. 94
LSD 36, 73, 112f., 124ff., 145
Lust, sexuelle 24, 46, 60ff., 69, 73, 84, 131, 137, 141, 150, 162, 165, 172

Magengeschwür 159
Manie 83, 156
MAO-Hemmer 142
Markierung, radioaktive 46
Martensson, L. 131, 134
Materie 7, 10f., 12, 177f.
Matrix, geistig-psychische (Seele) 13f.
Matussek 146
Meditation 9, 12, 86, 92, 104, 121, 126, 129, 182, 185
Medizin, humanistische 178

Medizin, orthomolekulare 63, 104, 186
Melancholie 140ff.
Melanin 22, 72, 137f.
Melatonin 50, 55f., 60f., 64, 72, 75, 169, 182f., 186
Meskalin 112, 123f.
Metaphysik 12, 177
Methoden, psychologische (zur Stimulierung körpereigener Drogen) 37, 92, 103f., 113, 121, 129f., 140, 181ff.
Mineralocorticoide 72, 160
Mittelhirn 22, 55, 127, 138
Molekularbiologie 11
Monotonisierungsübungen 130, 186
Morphin s. Morphium
Morphium 23, 37, 44f., 70, 77ff., 84, 87, 90f., 116, 133
MSH (Melanocyten stimulierendes Hormon) 24, 72, 169
Musik 28, 37, 59, 84, 112, 124, 129f., 140, 185
Muskatnuß 124
Muster, molekulares 176, 181
Mystik 12, 127

Nakanishi 81
Naloxon 79, 91
Natrium 43, 82, 160
Naturgesetze 10
Naturheilverfahren 85, 153, 170
Nebenniere 39, 42, 47, 52, 69, 72, 104, 107, 157f.
Nervenbahn 22, 33f., 71, 128, 130
Nervenimpuls 30, 34
Nervenleitgeschwindigkeit 38
Nervensystem, vegetatives 23, 34, 41, 54, 58, 69, 95, 97, 103, 106f., 115, 121, 144, 169
Nervenwasser s. Liquor

Nervenzellen 14, 18, 22, 28f.,
  33ff., 38f., 41, 44, 102, 111,
  116, 118, 128
Neuroanatomie 11
Neurochirurgie 15, 25
Neurohormone s. Hormone
Neurohypophyse 167, 169ff.
Neuroleptika 24, 48, 58, 68, 87f.,
  116, 130ff., 141f.
Neurologie 11
Neurone s. Nervenzellen
Neuropeptide 41, 121
Neurophysine 66, 170f.
Neurophysiologie 11, 32, 58, 63,
  167, 177
Neurotransmitter s. Transmitter
NGF (nerve growth factor) 175
Nikotin 8, 58, 99, 115, 171
Noradrenalin 22, 28, 35f., 40ff.,
  47f., 50, 52f., 55f., 60f., 64,
  72, 75, 83, 86f., 95, 104, 106ff.,
  110ff., 128, 133, 138f., 141ff.,
  147f., 151, 160f., 176, 181,
  183ff., 187ff.

Objektivität 10f.
Ökologie, klinische 63, 104, 184
Östradiol s. Östrogen
Östrogen 54, 73, 150, 158, 160,
  162, 164ff.
Okkultismus 12
Opiatrezeptoren 23, 44f., 47, 68,
  80, 82, 91, 114
Opium 44f., 59, 75ff., 84ff., 89ff.
Opium, körpereigenes s. Endorphine
Organ-Botenstoffe 66ff., 72f.
Osteoporose 159
Oxytocin 24, 60f., 64, 73, 84, 152,
  168ff., 174

Paläopsychologie 12
Pancreozymin 73

Parapsychologie 12
Parasympathikus 94ff., 107, 166
Parathormon 73, 156f.
Parkinson-Syndrom 62, 131,
  135f., 138f., 177
Pauling, L. 186
PCP (Phenylcyclidin) 128
Peptid 80, 83
Periode, pränatale 13f., 176
Phantasie 20, 22, 41f., 48, 56f.,
  70, 104, 135, 137
Pharmaindustrie 8, 35, 37, 46, 77,
  79, 85, 102, 108, 114, 125, 140f.
Pheromon 62
Philosophie, kosmische (universale) 9f., 12f., 49f., 54, 127
Placebo 90ff., 148, 187
Placebo-Effekt (Placebo-Phänomen) s. Placebo
Popper, K. R. 10, 14
Positronen-Emissions-Tomographie 29
Progesteron s. Sexualhormone
Prolactin 73, 168, 173f.
Prostaglandin 89
Protein 80
Psilocybin 124
Psyche 7ff., 12, 32, 63, 66, 124,
  130, 148, 177f., 184
Psychedelika, exogene s. Halluzinogene
Psychedelika, körpereigene (endogene) 61, 64, 73, 122ff., 128,
  184, 186ff.
Psychiatrie 11, 55, 57, 86, 119,
  129, 132
Psycho- und Neurowissenschaften
  9, 14, 33, 37ff.
Psychochirurgie s. Hirnchirurgie
Psychodrogen 8f., 24, 31, 36, 45,
  48, 58, 68, 85, 93, 108ff., 116,
  121, 139, 141, 143
Psychologie 12, 66

Psychopharmaka s. Psychodrogen
Psychopharmakologie 11
Psychose 57, 86, 88, 115, 125, 129

Raphe-Kerne 22, 145
Rausch 44, 75, 79, 123
Realität 12, 57, 127, 134
Reizentzug 93, 122, 129, 140, 187
Reizüberflutung 92, 113, 129f., 187
Relaxin 166
REM-Schlaf 127
Rezeptor 30f., 34f., 39, 42f., 44f., 47, 62, 68, 79, 82f., 99, 102, 112, 118, 128, 130f., 133, 141ff., 150ff., 157, 162, 166
Rezeptoren-Blocker 102, 104, 107
Rheuma 158
Rose, St. 11
Rudman, D. 174
Rückenmark 15f., 21, 48, 80, 82, 87, 89, 94, 118

Sakmann, B. 11, 16
Schamanismus 9, 92, 123
Schilddrüse 39, 57, 107, 150, 152, 156, 164, 168, 185
Schilddrüsenhormone 39f., 50, 54, 61, 63f., 73f., 107, 149, 151ff., 156f., 161, 176, 183, 188
Schizophrenie 57, 86, 129, 134, 186
Schlaf 47f., 50, 52f., 74, 78, 113, 167, 188
Schlafentzug 86, 113, 122f., 130, 188
Schlaflosigkeit 47, 61, 141
Schmerz 21, 44, 46, 67, 72, 74, 77f., 82, 84, 86ff., 98
Schmerzfreiheit 44, 48, 90
Schmerzmittel 36, 76, 90
Scopin, I. 122f.

Scopolamin 94
Second messengers (intrazelluläre Botenmoleküle) 18, 31, 43, 63, 151
Secretin 39, 73
Seele s. Psyche
Selbstheilungskräfte 92, 162, 187
Selbsthypnose 12, 121, 129, 144, 188
Selbstmassage 121, 130, 153, 164f., 185
Seligman 146
Serotonin 22, 28, 40f., 47ff., 52, 56, 60f., 64, 73, 87, 89, 110, 112, 128, 141ff., 147f., 181ff., 186ff.
Sexualität 40, 65, 138, 148, 165, 167f., 188
Sexualhormone 39, 54, 71, 73f., 160, 162f., 168, 188
– männliche 50, 55, 61, 64, 70, 74, 162ff., 184
– weibliche 50, 54, 60, 64, 74, 162ff., 166f.
Sheldrake, R. 10
Sinneswahrnehmung s. Wahrnehmung
Snyder, S. H. 80f., 113, 133
Somatomedin 174f.
Spalt, synaptischer 30, 109, 142, 150
Spinoza, B. 177
Spiritualismus 12
Stammhirn 15, 21f., 34, 82, 106, 111, 118, 128, 145
Sternbach, L. 117
STH (Somatotropes Hormon) 24, 61, 64, 74, 152, 161, 169, 173ff.
Störung, psychosomatische s. Krankheit
Stoffwechsel 21, 23, 40, 106, 148, 150, 153
Streß 52f., 70, 86ff., 104ff., 117, 151, 158, 160, 166, 169, 171

Strophantin 160
Subjektivität 11
Substantia nigra 22, 135, 138
Substanz P 36, 74, 87, 138
Sucht 44, 79, 85, 90, 110
Suggestion 90
Suzuki, D. T. 13
Sydenham, Th. 75
Sympathikus 95, 107f., 166
Synapse 7, 9, 14, 29, 31, 34f., 39, 41ff., 71f., 74, 79, 94f., 108, 130, 138f.
Syndrom, hyperkinetisches 110

Tanzen 9, 56f., 59, 92, 129f., 140, 185, 187f.
Telepathie 12
Testosteron 55, 150, 158, 160, 164ff., 176
Terenius, L. 80
Thalamus 22f., 46, 82, 89, 115
Theorie, neomaterialistische 9f.
Thymusdrüsenhormone 64, 74
Thyroxin 57, 74, 152f., 155f.
Training, Autogenes 86, 92, 97, 103, 121, 126, 140, 144, 182, 188
Trance 121, 123, 130, 140, 184f., 187ff.
Tranquilizer 45f., 114, 116f., 120
Transmitter (Botenstoffe) 7, 9, 16, 29ff., 33ff., 46ff., 54, 56, 58ff., 63ff., 83, 86, 93f., 97, 100, 105, 110f., 116, 141f., 149, 157, 159ff., 166, 170f., 176, 181ff.
Traum 48, 57, 73, 76, 112, 123, 127, 134
Trijodthyronin 153, 155
Tryptophan 145

TSH (thyreostimulierendes Hormon) 168
Tuberculum olfactorium 138

Umweltgifte 62f., 101f., 104, 110, 143, 186

Valium 45f., 114f., 119, 121
Valium, körpereigenes s. Endovalium
Vasopressin s. ADH
Verdauung 41, 66f., 73, 96, 99f., 105f., 144
Vision s. Halluzination
Voodoo-Kult 9, 92

Wachstum 24, 40, 148, 150, 166, 174f.
Wachstumshormon s. STH
Wahnsinn 42, 57, 70, 123, 135
Wahrheit 10, 14
Wahrnehmung 28, 34f., 48, 57, 60, 73, 98, 106, 111f., 122, 124f., 128, 134, 137, 139, 189
Wildmann, J. 121

Yin und Yang 49f., 52, 54
Yoga 9, 12, 59, 86, 92, 97, 103, 121, 126, 140, 144, 182, 189

Zellmembran 15, 29f., 158
Zen-Meditation (Zazen) 13, 92, 123, 130, 140, 178, 186, 189
Zentralnervensystem 14ff., 18, 30, 39, 83, 108, 118
Zimmermann, W. 85
Zirbeldrüse (Epiphysis cerebri) 22, 24, 32, 55, 75, 152
Zirbeldrüsenhormone 52, 75
Zwischenhirn 15, 20ff., 24, 128